Excel 透视表 跟卢子一起学

早做完，不加班

陈锡卢　李应钦 ◎ 著

U0365037

Excel透视表

中国水利水电出版社
www.waterpub.com.cn

·北 京·

内 容 提 要

这是一本教你快乐运用、享受 Excel 数据透视表的书。跟着卢子前行，你不仅能解决工作上的难题，提高工作效率，提升展现能力，还能让数据透视表成为你生活中的好"助手"，增添乐趣。

《Excel 透视表跟卢子一起学 早做完，不加班》采用情景式的讲解方式，图文并茂，通俗易懂。阅读本书，犹如与卢子直接对话，可以在轻松、愉悦的氛围中逐步提升自己的数据透视表技能，最终让数据透视表成为你享受生活的一种工具。

《Excel 透视表跟卢子一起学 早做完，不加班》操作版本为 Excel 2013/2016，能够有效地帮助职场新人提升职场竞争力，也能帮助应届生、财务、数据分析、人力资源管理等人员解决实际问题。

图书在版编目(CIP)数据

Excel透视表跟卢子一起学：早做完，不加班/ 陈

锡卢著.—北京：中国水利水电出版社，2019.1

ISBN 978-7-5170-7039-9

Ⅰ.①E… Ⅱ.①陈… Ⅲ.①表处理软件 Ⅳ.

①TP391.13

中国版本图书馆CIP数据核字(2018)第238879号

书　　　名	Excel 透视表跟卢子一起学 早做完，不加班 Excel TOUSHIBIAO GEN LUZI YIQI XUE ZAO ZUOWAN，BU JIABAN
作　　　者	陈锡卢　著
出 版 发 行	中国水利水电出版社 （北京市海淀区玉渊潭南路 1 号 D 座　100038） 网址：www.waterpub.com.cn E-mail：zhiboshangshu@163.com 电话：（010）62572966-2205/2266/2201（营销中心）
经　　　售	北京科水图书销售中心（零售） 电话：（010）88383994、63202643、68545874 全国各地新华书店和相关出版物销售网点
排　　　版	北京智博尚书文化传媒有限公司
印　　　刷	固安华明印业有限公司
规　　　格	180mm×210mm　24 开本　11.5 印张　309 千字　1 插页
版　　　次	2019 年 1 月第 1 版　2019 年 1 月第 1 次印刷
印　　　数	0001-5000 册
定　　　价	49.80 元

前　言

10 年前，我开始在网上解答大家的疑问。当有人问数据透视表是什么的时候，我告诉他，会"拖曳"就行。

5 年前，我决定把数据透视表写成一本书。有人质疑，不就是插入数据透视表，然后拖曳两下就搞定的事儿吗？我告诉他，数据透视表真正强大的功能，其实被隐藏得很深。

后来，我开始做自己的微信公众号，每天分享 Excel 的应用，同时解答大家工作中遇到的 Excel 问题。有读者留言，数据透视表的基本功能我基本上都会了，有什么好学的？

很普通的一句话，把我推到了今天，这本书的完稿。

人常常满足于熟悉的已知，而被陌生的无知蒙蔽。想要不断提升，就要跳出熟悉的认知，去探索更广阔的未知世界，去发现它的奥妙。

数据透视表的奥妙之一在于，它不仅仅是拖曳两下就可以完成简单的求和计数，还可以结合公式、函数、VBA、Access、SQL、Power Query 等完成很多原本让你摸不着头脑的数据统计分析，助你高效完成工作。奥妙之二在于，这些技能任何人都可以学会，不论你是有一定的基础，还是基础薄弱，甚至是零基础，都可以快速进入状态，乐在其中，并学有所获。奥妙之三在于，它将引领你走上所期望的高手之路——从零星的知识点开始，将各枝节串联，组成合力，用力舒展，达到新的境界。

把数据透视表的这些美妙之处，以简单易懂可操作的方式呈现出来，帮你解决实际工作中遇到的各种 Excel 问题，助你提高效率，不断突破自己，是我写这本书的初衷。

本书写作期间，我依然坚持每日更新微信公众号（Excel 不加班）中的原创文章，负责社群运营，解答读者的疑问。这是一个持续的体力消耗过程，真的很累，但觉得很值得，累并快乐着。虽然我已是 Excel 畅销书作者，但对待这本新书，却丝毫不敢有半点松懈。这本书不是对过去创作的简单翻新，它展示了数据透视表那些不为人知但确实好用的技巧，结合 Excel 其他方面的内容，可以帮助你轻松地处理各种复杂问题。举个例子，通常情况下，多表或者多工作簿统计是非常困难的，而结合 Power Query 却非常简单。

在写作过程中，我始终坚持一个目标，那就是完成教与学的互动及升华。数据透视表是我引以为傲的强项，相信本书所讲的内容可以弥补目前市面上同类书籍的空白，希望各位读者也学好并用好数据透视表。

参与本书编写工作的有李应钦、赖建明、刘苇、刘明明、邓丹、邓海南、刘宋连、陆超男、邱显标、吴丽娜、郑佩娴、郑晓芬、周斌、李土莲、刘榕根等，在此向他们表示由衷的感谢。因为能力有限，书中难免存在疏漏与不足之处，敬请读者朋友批评指正。

欢迎关注微信公众号"Excel 不加班"，跟卢子一起成长。

来自读者真实的声音

不一样的推荐语，来自读者而非大 V。Excel 不加班系列丛书已经被好多个知名论坛的老大推荐过，如 ExcelHome、中国会计视野、会计网等。这次我将从头再来，我要让这几年真心看过我的书的读者推荐，这才是最真实的语言。

跟卢子学 Excel 有一年多了，学习之后跟学习之前相比，有了太多的改变。尽管自己很早就会"使用"Excel 表格了，但从来没有想到 Excel 会如此之深奥。比如，录入数据时规范自己的数据源，甚至标准日期的录入，都能给以后的统计工作提供很大的便利；真正的"表"能自动扩展；利用数据透视表的拖拉功能快捷统计数据；利用函数进行查找或引用；合并计算全年表格……工作效率提高很多。在"Excel 不加班"群中不仅仅学习了技能，更多的是学到了卢子老师的"坚持"精神。每每松懈时，总觉得老师在不停地鞭策。感谢老师，感谢"Excel 不加班"团队，我会一直跟随下去……

——真情

跟着卢子学 Excel 有一年了，一开始是因为工作需要，打算买几本书来提升自己的 Excel 技能。当看到"卢子不加班"系列丛书时，第一，感觉就是与其他书不一样，自己应该能看进去，于是就果断入手了。惭愧的是，原本计划把 4 本书都从头学完，但是由于时间的关系并没学完，有时候用到哪一方面的知识，就找来书翻翻，现学现用，倒是也掌握了很多常用的技巧。无论是公式还是透视表，平时应用较多的技巧，在看了卢子书里的讲解后，就从心底里彻底搞明白了，能做到运用自如；第二，每天还关注着卢子的微信公众号，跟着学点技巧。现在自己虽然达不到大师水平，但是至少工作中能用到的都能信手拈来，感觉非常棒！感谢卢子，我会继续努力，争取水平越来越高。

——子木

　　跟卢子学习时间并不长，但是他的推文对于我非常有帮助，实用操作性强。之前赶上了 4.9 折的促销活动，便趁机买回来他写的两本书，看过之后感觉收获很大。例如，书中提到了文本型数值，对我很有启发。之前我只是一味地设置数值格式，却没有改变什么，哈哈……然后就百度，才找到分类。说实话，每个知识点里都藏着软件的"小心机"，而卢子就是那个善于发现软件"潜规则"的人。从事文职工作到明天就一年了，从最开始的对 Excel 排序、排版知之甚少，到现在可以按照卢子文章中所讲内容熟练运用公式、函数等，快速、高效地完成工作，进步有目共睹，工作起来也更有底气了。不怕学习晚，就怕不肯学！卢子的书中曾提到，在日常工作中如果遇到疑难问题，直接抛出去求人去解决，往往事与愿违——一切都要看运气，"大神"空闲了才会给你解答。这句话深深触动了我，我的工作态度也由此发生了很大的变化。之前一遇到复杂、耗时的事情便会犯懒，如今也变得愿意动脑筋，深入思考如何才能更快、更好地工作了。

——Vicky

　　关注卢子老师的公众号也有一年多了，每天坚持打卡学习。想要学习的知识点很多，尤其喜欢学习 VLOOKUP 函数和透视表，一直想把它们学精通。因为我是做运营的，每天都要进行数据分析和汇总。以前都是复制、粘贴数据，很容易出错；现在跟着卢子学习，很有用，也很省事，真的做到了"Excel 不加班"。就连老板都夸我最近半年工作效率提高了很多，向同事们介绍卢子老师的公众号呢。同事看了里面的内容都惊呆了，感觉真的是通俗易懂、容易操作，比外面的辅导班靠谱多了！欣喜之余，他们还"埋怨"我怎么不早点介绍给他们。真的感谢卢子老师和他团队的无私奉献！卢子老师一定要原创下去，永远支持！

——BigK

　　跟卢子学习虽然时间不长，但是受益匪浅。从一开始的"会做表格"，发展到如今可以熟练地使用透视表功能处理各种工作任务，大幅提升工作效率，这一切都要归功于卢子老师的谆谆教导。其中令我印象最为深刻的当属透视表和切片器的搭配使用，再加上条件格式的配合，可以非常方便地成为数据挖掘查看表，真正实现了直观呈现、速度筛选。对此领导非常满意。最近我又尝试着将透视表＋透视图＋切片器一起用，实现了动态效果的展示报告，这下又可以加薪了。总结一下，学以致用，持之以恒最重要！自己还要跟着卢子好好学习函数、SQL，以及代码等……

——奥斯汀月亮池

已经跟卢子老师学习两个多月了，收获不少。之前函数和透视表一直是我的弱项，至今还记得那天在群里窘迫地问："透视表在哪里呀？"因为之前一直用的是 WPS，在"数据"和"插入"选项卡中都有"数据透视表"这一功能，而我只知道在"数据"选项卡中含有"数据透视表"功能，所以在 Excel 的"数据"选项卡中找了很久都没找到……

现在报名了老师的全部班级，已经暂时能满足工作上的需要了。其间，因为工作需要做的表格，令高层注意到我的表格水平很不错，在遇到棘手问题时，还特意把我叫到集团公司去解决问题。班级里的老师们专业、耐心，非常负责任。感谢卢子老师，也感谢其他帮助过我的老师和同学们。

——娜娜

跟卢子学习了三个月的 Excel，收获颇多。以前在大学的时候没有好好学这个，毕业后的那份工作引用表格的地方不多，自己也没有学习 Excel 的意识。去年来北京，换了现在这份工作，天天做表，变成了一个"小表妹"，真心觉得烦琐。后来在公众号看到卢子的那些话"只要你觉得烦琐，你就应当停下来思考""磨刀不误砍柴工"，我被深深触动了，耐心地学习 Excel 的文章。不过，我的 Excel 基础实在太弱了，唯有跟着卢子持续学习，加油！

——华 _seren

2017 年五六月开始关注老师的公众号。那时候只会简单地使用 VLOOKUP 函数，老师所列的其他问题几乎都碰到过，处理起来经常摸不着头脑，无从下手。从关注公众号开始，每次的谆谆教导都让我受益匪浅，日益感受到这是一个有良心、有温度的公众号，能够真正解决实际问题，于是 9 月报班开始系统学习。自从养成学习习惯后，对 Office 的关注度显著提升了，一有空闲时间就学习，收获真的不少；同时还将学习心得分享给同事，并送书给他们一起学习，为团队建设奉献了一份正能量。这正好印证了那句话——有时候一种认识、一份努力、一支团队就能让你受益匪浅！感谢老师的点滴付出，我会继续努力学习，学无止境。

——lisa

第 6 章
借助 Power Query 让数据透视表无所不能

第1章
看到公式很绝望，那就来学数据透视表

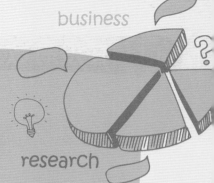

读者说："那些函数我真的记不住，怎么办呢？"

函数变幻莫测，需要很强的逻辑能力才能学好。条件一换，公式又得重新编写，愁死人。有些苦，只有过来人才能深刻体会到。当初卢子为了成为函数高手，一周瘦了7斤。现在回想起来，真的是一件很恐怖的事情。

后来，卢子接触到了数据透视表，就深深地爱上了数据透视表。拖曳间完成各种操作，传说中的"秒杀"，原来就是指数据透视表。绝大多数的统计都可以在30S内完成。看到这里，你是否对数据透视表产生了兴趣？是否迫不及待地想见识下数据透视表的威力？

改变从这一刻开始！下面就跟着卢子一起走进数据透视表的世界，逐步提高工作效率，告别因Excel而加班。

-Microsoft
OFFICE
-Excel

1.1 在没有数据透视表的日子里，苦不堪言

很多事只有亲身经历过，有了经验教训，才会使人成长、蜕变。刚开始学习公式时感觉还不错，不过随着领导的要求越来越多，每次更改公式都需要花费大量的时间，加班也成为常态。

 **超好用的条件求和技巧，可惜我学不会**

自古公式记不住，总是技巧得人心。技巧真的是个好东西，可惜我学不会，怎么办？

下面通过4个条件求和案例，来说明SUMPRODUCT函数条件求和的技巧。

对于逻辑能力强的读者，非常容易理解，分分钟学会。SUMPRODUCT函数语法：

=SUMPRODUCT((条件1)*(条件2)*……*求和区域)

1. 如图1-1所示，统计科室的数量。

	A	B	C	D	E	F	G	H
1	日期	科室	领用用品	数量		科室	数量	
2	2016-3-1	投资处	订书机	15		投资处		
3	2016-3-3	核算处	订书机	14		核算处		
4	2016-3-5	财务处	签字笔	19		财务处		
5	2016-3-7	综合处	回形针	29		综合处		
6	2016-3-9	投资处	订书机	29		交通处		
7	2016-3-10	核算处	订书机	14				
8	2016-3-11	财务处	签字笔	19				
9	2016-3-11	综合处	回形针	29				
10	2016-3-13	投资处	订书机	29				
11	2016-4-1	交通处	签字笔	7				
12	2016-4-4	综合处	签字笔	16				
13	2016-4-4	综合处	签字笔	16				
14	2016-4-4	综合处	签字笔	16				
15	2016-4-5	综合处	签字笔	18				
16	2016-4-5	核算处	签字笔	18				

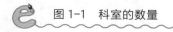

图 1-1 科室的数量

在G2单元格中输入公式，然后双击填充公式。

=SUMPRODUCT(($B$2:$B$26=F2)*$D$2:$D$26)

2. 如图1-2所示，统计科室和领用用品的数量。

	A	B	C	D	E	I	J	K
1	日期	科室	领用用品	数量		科室	领用用品	数量
2	2016-3-1	投资处	订书机	15		交通处	签字笔	
3	2016-3-3	核算处	订书机	14		综合处	回形针	
4	2016-3-5	财务处	签字笔	19				
5	2016-3-7	综合处	回形针	29				
6	2016-3-9	投资处	订书机	29				
7	2016-3-10	核算处	订书机	14				
8	2016-3-11	财务处	签字笔	19				
9	2016-3-11	综合处	回形针	29				
10	2016-3-13	投资处	订书机	29				
11	2016-4-1	交通处	签字笔	7				
12	2016-4-4	综合处	签字笔	16				
13	2016-4-4	综合处	签字笔	16				
14	2016-4-4	综合处	签字笔	16				
15	2016-4-5	核算处	签字笔	18				
16	2016-4-5	核算处	签字笔	18				

 图 1-2 科室和领用用品的数量

在K2单元格中输入公式，然后双击填充公式。

=SUMPRODUCT(($B$2:$B$26=I2)*($C$2:$C$26=J2)*$D$2:$D$26)

简单吧？轻轻一套，单条件求和与双条件求和就搞定了，轻松吧？

更轻松的还有，往下看。

3. 如图1-3所示，统计每个月份的数量。

在N2单元格中输入公式，然后双击填充公式。

=SUMPRODUCT((MONTH($A$2:$A$26)=M2)*$D$2:$D$26)

MONTH函数的功能就是提取日期的月份，与这个函数相关的DAY函数则用于提取日期的天数，YEAR函数用于提取日期的年份。

	A	B	C	D	E	M	N
1	日期	科室	领用用品	数量		月份	数量
2	2016-3-1	投资处	订书机	15		3	
3	2016-3-3	核算处	订书机	14		4	
4	2016-3-5	财务处	签字笔	19		5	
5	2016-3-7	综合处	回形针	29			
6	2016-3-9	投资处	订书机	29			
7	2016-3-10	核算处	订书机	14			
8	2016-3-11	财务处	签字笔	19			
9	2016-3-11	综合处	回形针	29			
10	2016-3-13	投资处	订书机	29			
11	2016-4-1	交通处	签字笔	7			
12	2016-4-4	综合处	签字笔	16			
13	2016-4-4	综合处	签字笔	16			
14	2016-4-4	综合处	签字笔	16			
15	2016-4-5	核算处	签字笔	18			
16	2016-4-5	核算处	签字笔	18			

图1-3　每个月份的数量

4. 如图1-4所示，统计每个科室各年份的数量。

	A	B	C	D	E	F	G	H
1	日期	科室	领用用品	数量		科室	2016	2017
2	2016-3-1	投资处	订书机	15		投资处	51	7
3	2016-3-3	核算处	订书机	14		核算处	32	58
4	2016-3-5	财务处	签字笔	19		财务处	47	28
5	2016-3-7	综合处	回形针	29		综合处	66	37
6	2016-3-9	投资处	订书机	29		交通处	8	24
7	2016-3-10	核算处	订书机	14				
8	2016-4-7	交通处	签字笔	8				
9	2016-4-9	综合处	A4纸	26				
10	2016-5-1	综合处	A4纸	11				
11	2016-5-5	财务处	A4纸	25				
12	2016-5-5	投资处	A4纸	7				
13	2016-5-7	核算处	回形针	4				
14	2016-5-9	财务处	回形针	3				
15	2017-4-5	核算处	签字笔	18				
16	2017-4-5	核算处	签字笔	18				

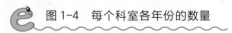
图1-4　每个科室各年份的数量

在G2单元格中输入公式，右拉和下拉填充公式。

```
=SUMPRODUCT((YEAR($A$2:$A$26)=G$1)*($B$2:$B$26=$F2)*$D$2:$D$26)
```

读者说："卢子，看你用，确实很轻松，三两下搞定。可是一到自己用，不是这里有问题，就是那里有问题，单单一个美元符号'$'，我都得研究半天需要加在哪里。你说，我还有救吗？"

每天跟读者在交流群中交流，他们的心声，卢子怎么可能不知道呢？不过仅仅一个求和案例，还不足以让人改变。

1.1.2 表格自动化导致的装酷"高手"

装酷有风险，入行需谨慎。

现在有一些公司要求员工的Excel水平必须非常高，以实现公司表格自动化。这个想法是很好，但也导致这样一种现象：有些人为实现一步到位，设置了超级复杂的公式。

如此一来，就会出现以下3个问题。

（1）Excel经常处于正在计算的状态，很卡。

（2）领导根本看不懂公式，只能用最原始的操作方法验证数据的准确性。

（3）领导陪着你每天加班。

以上都是真实存在的，不是卢子虚构。

我们使用Excel的初衷是提高工作效率，为公司提供准确的数据，从而辅导决策。概括成两个词：高效、准确。

下面通过2个案例来说明。

左边的为物料代码，不同时期的单价不一样，要查找到最高单价和最低单价，如图1-5所示。

	A	B	C	D	E	F	G
1	物料代码	单价	采购日期		物料代码	最高单价	最低单价
2	1.01.0001	20	2018-1-1		1.01.0001	20	20
3	1.01.0002	3	2018-1-2		1.01.0002	3	3
4	1.01.0002	3	2018-1-3		1.01.0003	10	8
5	1.01.0002	3	2018-1-4		1.01.0004	4	2
6	1.01.0003	8	2018-1-5		1.01.0006	3	3
7	1.01.0003	8	2018-1-6		1.01.0011	20	20
8	1.01.0003	10	2018-1-7		1.01.0012	20	20
9	1.01.0004	2	2018-1-8		1.01.0013	20	20
10	1.01.0004	4	2018-1-9		1.01.0014	25	25
11	1.01.0006	3	2018-1-10		1.01.0015	20	20
12	1.01.0006	3	2018-1-11		1.01.0016	20	20
13	1.01.0011	20	2018-1-12		1.01.0017	20	20
14	1.01.0011	20	2018-1-13		1.01.0018	2.5	2.5
15	1.01.0011	20	2018-1-14		1.01.0019	3	3
16	1.01.0012	20	2018-1-15		1.01.0020	2.5	2.5
17	1.01.0013	20	2018-1-16		1.01.0023	2	2

 图1-5 物料代码对应多个单价

最高单价，在单元格F2中输入以下公式，按Ctrl+Shift+Enter组合键结束，不能直接回车，否则会出错，再下拉填充公式。

```
=MAX(IF($A$2:$A$85=E2,$B$2:$B$85))
```

最低单价，在单元格G2中输入以下公式，按Ctrl+Shift+Enter组合键结束，不能直接回车，否则会出错，再下拉填充公式。

```
=MIN(IF($A$2:$A$85=E2,$B$2:$B$85))
```

 ## 1.1.3 按条件统计不重复值，用公式真的很痛苦

看起来貌似不难，但实际上数组公式有很多人都不懂如何使用。你设置好的表格，领导拿去看，像平常一样回车结束，结果就会出错，如图1-6所示。

F2				fx	=MAX(IF($A$2:$A$85=E2,$B$2:$B$85))		
	A	B	C	D	E	F	G
1	物料代码	单价	采购日期		物料代码	最高单价	最低单价
2	1.01.0001	20	2018-1-1		1.01.0001	700	20
3	1.01.0002	3	2018-1-2		1.01.0002	3	3
4	1.01.0002	3	2018-1-3		1.01.0003	10	8
5	1.01.0002	3	2018-1-4		1.01.0004	4	2
6	1.01.0003	8	2018-1-5		1.01.0006	3	3
7	1.01.0003	8	2018-1-6		1.01.0011	20	20
8	1.01.0003	10	2018-1-7		1.01.0012	20	20
9	1.01.0004	2	2018-1-8		1.01.0013	20	20
10	1.01.0004	4	2018-1-9		1.01.0014	25	25
11	1.01.0006	3	2018-1-10		1.01.0015	20	20
12	1.01.0006	3	2018-1-11		1.01.0016	20	20
13	1.01.0011	20	2018-1-12		1.01.0017	20	20
14	1.01.0011	20	2018-1-13		1.01.0018	2.5	2.5

 图1-6 查看公式回车出错

如图1-7所示，统计每个业务单元对应的不重复公司个数。

如图1-8所示，现在业务单元JSC001对应的公司——福建B公司，虽然出现了3次，但实际上只能算1次，这就是不重复计数的含义。

	A	B	C	D	E	F
1	业务单元	公司			业务单元	不重复公司数
2	JSC001	福建B公司			JSC001	17
3	JSC001	福建B公司			KHC001	4
4	JSC001	福建B公司			MDN026	12
5	JSC001	福建A公司			YBW001	7
6	ZYH001	福建B公司			YMT001	2
7	JSC001	永安A公司			ZYH001	52
8	ZYH001	福建B公司				
9	JSC001	晋江A公司				
10	ZYH001	福建A公司				
11	ZYH001	永安A公司				
12	ZYH001	福建A公司				
13	ZYH001	晋江A公司				
14	ZYH001	晋江B公司				
15	ZYH001	永安B公司				
16	ZYH001	永安B公司				

 图1-7　按条件统计不重复值

	A	B
1	业务单元	公司
2	JSC001	福建B公司
3	JSC001	福建B公司
4	JSC001	福建B公司
5	JSC001	福建A公司
6	ZYH001	福建B公司
7	JSC001	永安A公司
8	ZYH001	福建B公司
9	JSC001	晋江A公司

 图1-8　不重复说明

在单元格F2中输入公式，然后下拉填充公式。

```
=SUMPRODUCT(($A$2:$A$1043=E2)/COUNTIFS($A$2:$A$1043,$A$2:$A$1043,$B$2:$B$1043,$B$2:$B$1043))
```

这么长的公式，看晕了没？

如果觉得学公式很痛苦，那就来学数据透视表，你会发现自己整个人都解脱了。以前用超级复杂的公式解决的问题，用数据透视表拖曳间就完成了操作。

1.2 数据透视表，"小·白"的救星

数据透视表不仅可以求和，还能求最大值和最小值等，而统计数据又是数据透视表的强项。下面看一下数据透视表是如何完成各种统计的。

1.2.1 拖曳几下，条件求和全搞定

如图1-9所示是某公司领用用品明细表，现在要对这张表进行4种情况的汇总。

1. 统计科室的数量。

➡Step 01 如图1-10所示，单击单元格A1，切换到"插入"选项卡，单击"数据透视表"按钮，弹出"创建数据透视表"对话框，这时数据透视表会自动帮你选择好区域，保持默认不变，单击"确定"按钮即可。

	A	B	C	D
1	日期	科室	领用用品	数量
2	2016-3-1	投资处	订书机	15
3	2016-3-3	核算处	订书机	14
4	2016-3-5	财务处	签字笔	19
5	2016-3-7	综合处	回形针	29
6	2016-3-9	投资处	回形针	29
7	2016-3-10	核算处	订书机	14
8	2016-3-11	财务处	签字笔	19
9	2016-3-11	综合处	回形针	29
10	2016-3-13	投资处	订书机	29
11	2016-4-1	交通处	签字笔	7
12	2016-4-4	综合处	签字笔	16
13	2016-4-4	综合处	签字笔	16
14	2016-4-4	综合处	签字笔	16
15	2016-4-5	核算处	签字笔	18
16	2016-4-5	核算处	签字笔	18

图1-9　领用用品明细表

图1-10　创建数据透视表

➡Step 02 如图1-11所示，将"科室"拖到"行"，"数量"拖到"值"。

你没看错，拖曳两个字段就完成了统计，就这么简单。

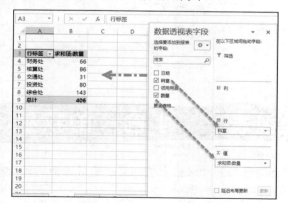

图1-11　添加"科室"和"数量"字段

2. 统计科室和领用用品的数量。

"领用用品"这个字段可以放到"行"，也可以放到"列"。分别拖到"行"和"列"，看一下效果。

如图1-12所示，将"领用用品"拖到"行"，瞬间就完成统计。如果这里用公式统计，更改公式都需要好久。善于借助工具，可以大大提升效率。

同理，将"领用用品"拖到"列"，如图1-13所示。数据透视表在改变布局上有非常明显的优势，如果对现有的布局不满意，只需拖曳一下就可以解决。

 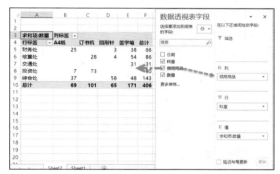

图 1-12 将"领用用品"拖到"行"的效果　　图 1-13 将"领用用品"拖到"列"的效果

以上两种布局，各有优势，根据自己实际的需求而定。

3. 统计每个月的数量。

如图1-14所示，现在不需要"科室"和"领用用品"，将字段取消勾选。取消勾选后，数据透视表就只剩下"数量"的统计。

图 1-14 取消勾选字段

如图1-15所示，返回数据源，再次确认一下，只有具体日期，没有月份，是不是需要用MONTH函数提取月份再统计？

Excel 2016对日期的处理能力超级强大，直接将"日期"拖到"行"，不做任何处理，直接就按月份统计，如图1-16所示。

图1-15 只有具体的日期

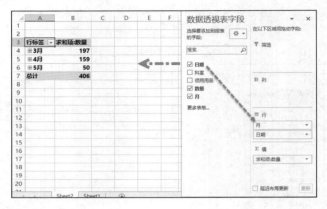

图1-16 将"日期"拉到"行"

如图1-17所示，低版本的Excel将"日期"拖到"行"，同样是具体日期。

如图1-18所示，选择任意日期，右击，在弹出的快捷菜单中选择"组合"命令。"组合"这个功能，有的版本称为创建组，名字不同，用法一样。

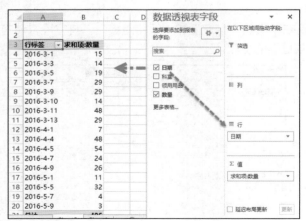

图1-17 低版本的 Excel 将"日期"拖到"行"的效果

图 1-18　组合

如图1-19所示，默认情况下就是按月组合，直接单击"确定"按钮即可。

图 1-19　按月组合

如图1-20所示，就是按月组合的效果。

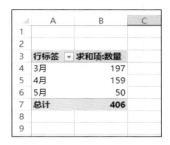

图 1-20　按月组合的效果

也就是说，不管什么版本，数据透视表在进行按月组合的时候都无须借助公式，这样操作起来就更简单了。

4. 统计每个科室各年份的数量。

现在需要按年份统计，选择月份任意单元格，右击，在弹出的快捷菜单中选择"取消组合"命令，如图1-21所示。

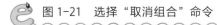

图 1-21　选择"取消组合"命令

如图1-22所示，选择任意日期，右击，在弹出的快捷菜单中选择"组合"命令。

图 1-22　选择"组合"命令

如图1-23所示，单击"月"，就取消选择月。

如图1-24所示，单击"年"，再单击"确定"按钮。

图 1-23　取消选择月

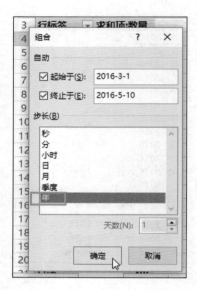

图 1-24　按年组合

如图1-25所示，因为这里只有1年数据，所以组合后只有一个2016年。

图 1-25　按年组合的效果

假设将最后一个日期改成2017-5-9，如图1-26所示。

如图1-27所示，数据透视表不像公式那样可以自动统计，需要右击，在弹出的快捷菜单中选择"刷新"命令，才可以统计。

	A	B	C	D
13	2016-4-4	综合处	签字笔	16
14	2016-4-4	综合处	签字笔	16
15	2016-4-5	核算处	签字笔	18
16	2016-4-5	核算处	签字笔	18
17	2016-4-5	核算处	签字笔	18
18	2016-4-7	交通处	签字笔	8
19	2016-4-7	交通处	签字笔	8
20	2016-4-7	交通处	签字笔	8
21	2016-4-9	综合处	A4纸	26
22	2016-5-1	综合处	A4纸	11
23	2016-5-5	财务处	A4纸	25
24	2016-5-5	投资处	A4纸	7
25	2016-5-7	核算处	回形针	4
26	2017-5-9	财务处	回形针	3
27				

图 1-26　更改数据

图 1-27　刷新

如图1-28所示，刷新以后，2017年就出来了。

如图1-29所示，将"日期"拖到"列"，"科室"拖到"行"，就完成了最终统计。

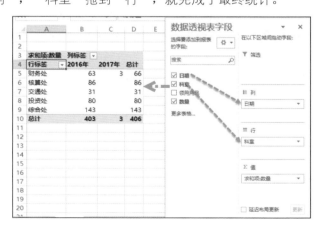

图 1-28　刷新后的效果

图 1-29　重新布局

这是不是比公式简单很多？只需点点鼠标就完成了各种统计。

1.2.2 除了求和外，还可以求最大值和最小值

前面卢子采用MAX+IF和MIN+IF数组公式，来获取物料代码的最高单价和最低单价，如图1-30所示。其实，最方便的方法还是数据透视表，工作上大多数的问题都可以通过数据透视表来解决。

	A	B	C	D	E	F	G
1	物料代码	单价	采购日期		物料代码	最高单价	最低单价
2	1.01.0001	20	2018-1-1		1.01.0001	20	20
3	1.01.0002	3	2018-1-2		1.01.0002	3	3
4	1.01.0002	3	2018-1-3		1.01.0003	10	8
5	1.01.0002	3	2018-1-4		1.01.0004	4	2
6	1.01.0003	8	2018-1-5		1.01.0006	3	3
7	1.01.0003	8	2018-1-6		1.01.0011	20	20
8	1.01.0003	10	2018-1-7		1.01.0012	20	20
9	1.01.0004	2	2018-1-8		1.01.0013	20	20
10	1.01.0004	4	2018-1-9		1.01.0014	25	25
11	1.01.0006	3	2018-1-10		1.01.0015	20	20
12	1.01.0006	3	2018-1-11		1.01.0016	20	20
13	1.01.0011	20	2018-1-12		1.01.0017	20	20
14	1.01.0011	20	2018-1-13		1.01.0018	2.5	2.5
15	1.01.0011	20	2018-1-14		1.01.0019	3	3
16	1.01.0012	20	2018-1-15		1.01.0020	2.5	2.5
17	1.01.0013	20	2018-1-16		1.01.0023	2	2

图 1-30 物料代码对应多个单价

➡Step 01 如图1-31所示，单击单元格A1，切换到"插入"选项卡，单击"数据透视表"按钮，弹出"创建数据透视表"对话框。这时数据透视表会自动帮你选择好区域，保持默认不变，单击"确定"按钮即可。

图 1-31 创建数据透视表

➡Step 02 如图1-32所示，将"物料代码"拖到"行"，"单价"2次拖到"值"。

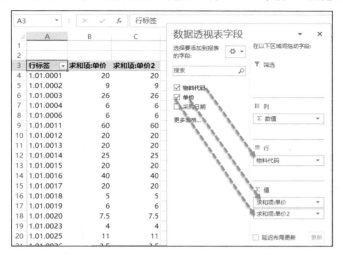

图 1-32　添加字段

➡Step 03 如图1-33所示，单击"求和项：单价"这个单元格，右击，在弹出的快捷菜单中选择"值汇总依据"→"最大值"命令。

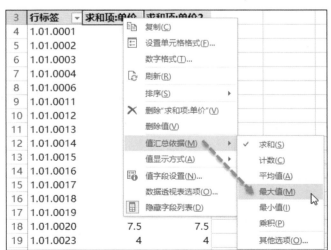

图 1-33　选择"值汇总依据"→"最大值"命令

➡Step 04 如图 1-34所示，单击"求和项：单价2"这个单元格，右击，在弹出的快捷菜单中选择"值汇总依据"→"最小值"命令。

➡Step 05 如图 1-35所示，修改标题后就实现了最终效果。这个在以后的章节会详细说明如何操作。

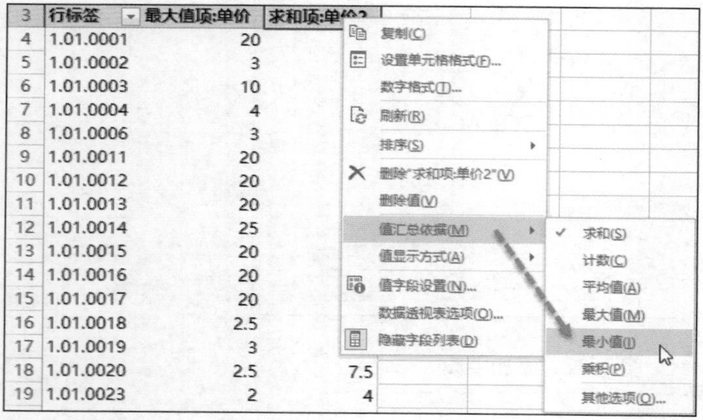

行标签	最大值项:单价	求和项:单价2
1.01.0001	20	
1.01.0002	3	
1.01.0003	10	
1.01.0004	4	
1.01.0006	3	
1.01.0011	20	
1.01.0012	20	
1.01.0013	20	
1.01.0014	25	
1.01.0015	20	
1.01.0016	20	
1.01.0017	20	
1.01.0018	2.5	
1.01.0019	3	
1.01.0020	2.5	7.5
1.01.0023	2	4

右键菜单：
复制(C)
设置单元格格式(F)...
数字格式(T)...
刷新(R)
排序(S)
删除"求和项:单价2"(V)
删除值(V)
值汇总依据(M)
值显示方式(A)
值字段设置(N)...
数据透视表选项(O)...
隐藏字段列表(D)

值汇总依据子菜单：
求和(S)
计数(C)
平均值(A)
最大值(M)
最小值(I)
乘积(P)
其他选项(O)...

图 1-34　选择"值汇总依据"→"最小值"命令

物料代码	最大单价	最小单价
1.01.0001	20	20
1.01.0002	3	3
1.01.0003	10	8
1.01.0004	4	2
1.01.0006	3	3
1.01.0011	20	20
1.01.0012	20	20
1.01.0013	20	20
1.01.0014	25	25
1.01.0015	20	20
1.01.0016	20	20
1.01.0017	20	20
1.01.0018	2.5	2.5
1.01.0019	3	3
1.01.0020	2.5	2.5

图 1-35　最终效果

1.2.3 真神奇，数据透视表居然连不重复计数也可以

如图1-36所示，统计每个业务单元对应的不重复公司个数。前面采用了超级复杂的公式才搞定，现在来看看使用数据透视表是如何实现的。

➡Step 01 如图 1-37所示，单击单元格A1，切换到"插入"选项卡，单击"数据透视表"按钮，弹出"创建数据透视表"对话框。这时数据透视表会自动帮你选择好区域，保持默认不变，再勾选"将此数据添加到数据模型"复选框，单击"确定"按钮即可。

"将此数据添加到数据模型"是Excel 2013以上版本的新功能，只有勾选了此复选框，数据透视表才能进行不重复计数，否则就跟普通的数据透视表一样。

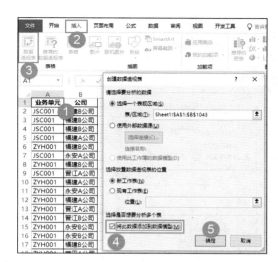

图 1-36 按条件统计不重复值

图 1-37 勾选"将此数据添加到数据模型"复选框

➡Step 02 如图1-38所示，将"业务单元"拖到"行"，"公司"拖到"值"。

➡Step 03 如图1-39所示，单击行标签"总计"单元格，右击，在弹出的快捷菜单中选择"删除总计"命令。

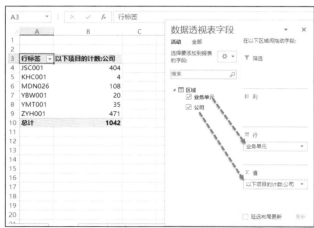

图 1-38 添加字段

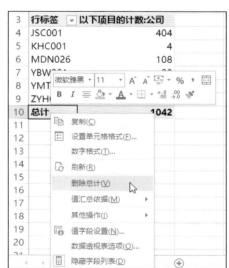

图 1-39 选择"删除总计"命令

➡️Step 04 如图1-40所示，单击"以下项目的计数:公司"这一列任意单元格，右击，在弹出的快捷菜单中选择"值汇总依据"→"其他选项"命令。

➡️Step 05 如图1-41所示，"计算类型"选择"非重复计数"，单击"确定"按钮。

 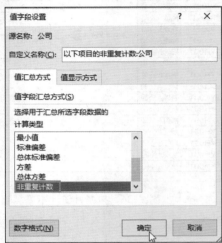

图 1-40　更改值汇总依据

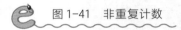
图 1-41　非重复计数

如图1-42所示，这样就完成了最终统计，这可比公式简单好多倍。

	A	B
1		
2		
3	行标签 ▼	以下项目的非重复计数:公司
4	JSC001	17
5	KHC001	4
6	MDN026	12
7	YBW001	7
8	YMT001	2
9	ZYH001	52
10		
11		

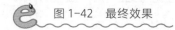
图 1-42　最终效果

如图1-43所示，再次强调，一定要勾选"将此数据添加到数据模型"复选框，否则是找不到"非重复计数"这个新功能的，切记！

图 1-43　普通方法没有新功能

1.3　小结与练习

没有对比，就没有伤害。卢子这里列举了3个很平常的案例，分别用了公式法和数据透视表法。用公式要完成各种效果是比较困难的，需要有很高的水平才可以，而借助数据透视表，只需拖曳几下就可以搞定，普通人也很容易上手。总之，选择合适的工具，你会事半功倍。

课后练习：

如图1-44所示，这是一张销售明细表。

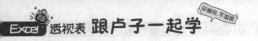

	A	B	C	D	E	F	G	H
1	日期	地区	销售部门	销售员代码	商品	数量	单价	金额
2	2016-12-23	深圳	一部	A00001	订书机	95	10	950
3	2016-12-26	广州	二部	A00002	钢笔	50	30	1500
4	2016-12-28	广州	三部	A00003	钢笔	36	30	1080
5	2016-12-30	广州	二部	A00004	笔记本	27	20	540
6	2017-1-5	佛山	一部	A00005	订书机	56	11	616
7	2017-1-5	深圳	四部	A00006	铅笔	60	5	300
8	2017-1-5	广州	一部	A00001	订书机	75	11	825
9	2017-1-6	广州	三部	A00002	钢笔	90	30	2700
10	2017-1-6	佛山	二部	A00003	钢笔	32	30	960
11	2017-1-6	深圳	三部	A00004	笔记本	60	20	1200
12	2017-1-9	广州	四部	A00006	订书机	90	11	990
13	2017-1-9	深圳	一部	A00001	铅笔	29	5	145
14	2017-1-10	香港	三部	A00002	订书机	81	11	891
15	2017-1-10	深圳	二部	A00003	钢笔	35	30	1050
16	2017-1-13	广州	二部	A00004	钢笔	2	30	60

图 1-44　销售明细表

（1）统计每个地区对应销售部门的金额。

（2）统计每个年月对应的金额。

如图 1-45所示，这是练习题效果图。

	A	B	C	D	E	F
1	练习1：统计每个地区对应销售部门的金额。					
2	求和项:金额	列标签				
3	行标签	二部	三部	四部	一部	总计
4	佛山	4073		7795	7934	19802
5	广州	19837	25852	13104	26995	85788
6	深圳	11174	10457	1320	10957	33908
7	香港		891	2144	1832	4867
8	总计	35084	37200	24363	47718	144365
9						
10	练习2：统计每个年月对应的金额。					
11	行标签	求和项:金额				
12	⊟2016年	4070				
13	12月	4070				
14	⊟2017年	140295				
15	1月	18415				
16	2月	30602				
17	3月	46976				
18	4月	44302				
19	总计	144365				

图 1-45　练习题效果图

第2章

学习数据透视表之前，research 应该做好的准备工作

　　数据透视表确实很好用，不过这是有前提的，即数据源必须是标准的。有了良好的数据源，数据透视表用起来会更加得心应手。

　　刚开始学习的时候，你会遇到一大堆问题。这个很正常，不过数据透视表的各种问题都是很容易解决的，所以在学习的时候完全不用担心。

Microsoft
OFFICE
Excel

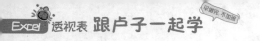

2.1 不想因做表格加班到深夜的，请看过来

如图2-1所示，做表格做到吐血，这可怎么办？

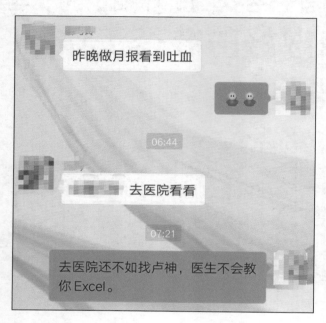

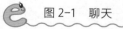 图 2-1 聊天

同志，同志，醒醒，你还没交这个月的表格呢！表格没做完，你怎么可以倒下呢？

如图2-2所示，现在以这张工资明细表为例，简单汇总每个部门的工资合计。

部门	姓名	出勤天数	应发工资			应扣款项				应扣款项小计	工资合计
			基本工资	加班工资	绩效工资	住房基金	应扣个税	全勤奖扣	其他应扣		
生产	张1	25	2000	589	365	362	0	100		807.51	2146.49
	张2	26	2000	245	413	362	0			707.51	1950.49
	张3	25	2000	446	392	362	0	100	50	857.51	2030.49
销售	张4	26	2000	543	481	362	0			707.51	2316.49
	张5	26	2000	583	466	362	0		100	807.51	2241.49
	张6	26	2000	530	447	362	0			707.51	2269.49
	张7	26	2000	217	486	362	0			707.51	1995.49
包装	张8	26	2000	285	403	362	0			707.51	1980.49
	张9	26	2500	217	359	362	0			707.51	2368.49
	张10	26	2800	285	389	362	0			707.51	2766.49

图 2-2　工资明细表

 **2.1.1** 合并单元格，数据统计的"拦路虎"

现在试一下用数据透视表汇总。

如图2-3所示，单击单元格A1，切换到"插入"选项卡，单击"数据透视表"按钮，弹出"创建数据透视表"对话框。这时数据透视表会自动帮你选择好区域，保持默认不变，单击"确定"按钮即可。

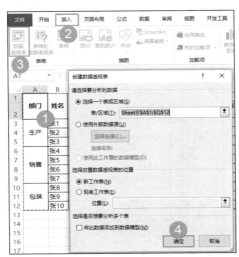

图 2-3　创建数据透视表

如图2-4所示，连创建数据透视表的机会都不给，直接就弹出警告对话框。

Microsoft Excel

⚠ 数据透视表字段名无效。在创建透视表时，必须使用组合为带有标志列表的数据。如果要更改数据透视表字段的名称，必须键入字段的新名称。

确定

图 2-4　警告对话框

数据透视表字段名无效（字段名就是标题），也就是说这里使用了双行标题，导致了有的标题没有内容，没有内容的标题是不允许创建数据透视表的。

如图2-5所示，将双行标题变成单行标题，这样每一列的标题就都有内容了。

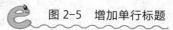

部门	姓名	出勤天数	应发工资				应发工资小计	应扣款项					应扣款项小计	工资合计
			基本工资	加班工资	绩效工资	其他应发		住房基金	应扣个税	全勤奖扣	其他应扣			
部门	姓名	出勤天数	基本工资	加班工资	绩效工资	其他应发	应发工资小计	住房基金	应扣个税	全勤奖扣	其他应扣	应扣款项小计	工资合计
生产	张1	25	2000	589	365		2954	362	0	100		807.51	2146.49
	张2	26	2000	245	413		2658	362	0			707.51	1950.49
	张3	25	2000	446	392	50	2888	362	0	100	50	857.51	2030.49
销售	张4	26	2000	543	481		3024	362	0			707.51	2316.49
	张5	26	2000	583	466		3049	362	0		100	807.51	2241.49
	张6	26	2000	530	447		2977	362	0			707.51	2269.49
	张7	26	2000	217	486		2703	362	0			707.51	1995.49
包装	张8	26	2000	285	403		2688	362	0			707.51	1980.49
	张9	26	2500	217	359		3076	362	0			707.51	2368.49
	张10	26	2800	285	389		3474	362	0			707.51	2766.49

图 2-5　增加单行标题

如图2-6所示，标题处理以后，直接插入数据透视表，区域从A3开始选择，不要从A1开始选择，切记！这样就可以创建数据透视表了。

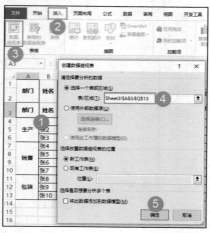

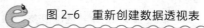

图 2-6　重新创建数据透视表

有了这一步就可以了吗？

如果你真这么想，那就太天真了。

如图2-7所示，将"部门"拖到"行"，"工资合计"拖到"值"，统计的时候直接出错，多了一个项名为"(空白)"的内容，而该项对应了很多金额。

图 2-7　添加字段

标题搞定以后，"部门"这里的合并单元格也要进行处理。你在合并单元格的时候很爽，可是爽过以后，就是一系列的麻烦以及痛苦。这里需要取消合并单元格，然后填充上内容。

如图2-8所示，选择数据区域，单击"合并后居中"下拉按钮，在弹出的下拉列表中单击"取消单元格合并"按钮。

图 2-8　取消单元格合并

如图2-9所示，按组合键Ctrl+G，在弹出的"定位"对话框中单击"定位条件"按钮。

如图2-10所示，选中"空值"单选按钮，单击"确定"按钮。

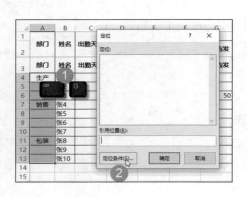

图 2-9　定位条件　　　　　　　　图 2-10　定位空值

如图2-11所示，输入公式=上一个单元格，按组合键Ctrl+Enter。

如图2-12所示，就是填充后效果。

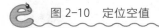

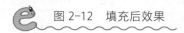

图 2-11　填充内容　　　　　　　　图 2-12　填充后效果

如图2-13所示，选择第3行的标题，右击，在弹出的快捷菜单中选择"隐藏"命令。

图 2-13　隐藏单行标题

如图2-14所示，这样看起来虽然标题有合并单元格，但是实际上引用到的数据全部都是标准的。

部门	姓名	出勤天数	应发工资					应扣款项					
			基本工资	加班工资	绩效工资	其他应发	应发工资小计	住房基金	应扣个税	全勤奖扣	其他应扣	应扣款项小计	工资合计
生产	张1	25	2000	589	365		2954	362	0	100		807.51	2146.49
生产	张2	26	2000	245	413		2658	362	0			707.51	1950.49
生产	张3	25	2000	446	392	50	2888	362	0	100	50	857.51	2030.49
销售	张4	26	2000	543	481		3024	362	0			707.51	2316.49
销售	张5	26	2000	583	466		3049	362	0		100	807.51	2241.49
销售	张6	26	2000	530	447		2977	362	0			707.51	2269.49
销售	张7	26	2000	217	486		2703	362	0			707.51	1995.49
包装	张8	26	2000	285	403		2688	362	0			707.51	1980.49
包装	张9	26	2500	217	359		3076	362	0			707.51	2368.49
包装	张10	26	2800	285	389		3474	362	0			707.51	2766.49

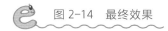
图 2-14　最终效果

如图2-15所示，重新回到数据透视表，右击，在弹出的快捷菜单中选择"刷新"命令，就恢复正常了。

3	行标签
4	包装
5	生产
6	销售
7	(空白)
8	总计

复制(C)
设置单元格格式(F)...
刷新(R)
排序(S)
筛选(T)
✓ 分类汇总"部门"(B)
展开/折叠(E)
组合(G)...
取消组合(U)...
移动(M)
✕ 删除"部门"(V)
字段设置(N)...
数据透视表选项(O)...
隐藏字段列表(D)

图 2-15　选择"刷新"命令

如图2-16所示，就是最终统计效果。

	A	B	C
1			
2			
3	行标签 ▼	求和项:工资合计	
4	包装	7115.47	
5	生产	6127.47	
6	销售	8822.96	
7	总计	22065.9	
8			
9			

图 2-16　最终统计效果

如果每天都要接触到这样的表格，你能不吐血吗？

除非你Excel水平很高，能够应对各种垃圾表格，否则还是老老实实、规规矩矩做表格吧。

2.1.2 12 个陷阱，需擦亮眼睛

不怕神一样的对手，就怕猪一样的队友。面对日常工作中常见的12个陷阱，读者必须时刻擦亮眼睛。

陷阱一：合并单元格大法，不断合并单元格，甚至错位合并，如图2-17所示。

陷阱二：不规范的日期录入方式，如图2-18所示。

	A	B	C
1	年	产品	数量
2	2000		989
3	2001	冰箱	2011
4	2002		250
5		彩电	811
6	2003		2645
7		空调	470
8	2004	冰箱	280
9		空调	5280
10			

	A	B	C
1	日期	数量	
2	5月~6月	1000	
3	2015.1.2~2015.3.20	500	
4	3.2~5.4	200	
5			

图 2-17　合并单元格　　　　　　　图 2-18　不规范日期

陷阱三：多内容合一，在一个单元格内输入多项内容，如图2-19所示。

陷阱四：同一列输入两种类别的数据，而不是用的数据透视表，如图2-20所示。

	A	B
1	工号	工资
2	11、20-25、30	2000
3	31-40、50	3000
4	60-70、80-90	15000
5		

	A	B
1	项目	数量
2	项目1	2
3	项目2	3
4	项目3	1
5	项目4	5
6	小计	11
7	项目5	4
8	项目6	5
9	小计	9
10	项目7	6
11	项目8	2
12	小计	8
13	总计	28
14		

 图 2-19　多内容合一　　　 图 2-20　同一列输入两种类别的数据

陷阱五：不要的单元格没有删除，而是隐藏了，如图2-21所示。

	A	B
1	项目	数量
6	小计1	11
9	小计2	9
12	小计3	8
13	总计	28
14		

图 2-21　隐藏了不要的单元格

陷阱六：横竖混排，如图2-22所示。

	A	B	C	D	E	
1	姓名	性别	地址	重庆市		
2	张三	男	身份证号	510221197412010219	第	
3					1	
4	姓名	性别	地址	(市辖区)昌平	组	
5	美美	女	身份证号	110221290815224		
6						

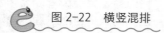

图 2-22　横竖混排

作死方法多种多样，防不胜防，哎！以上方法可千万别用，否则被队友揍可别怪我哦。下面继续吐槽。

陷阱七：善用批注，将数字记录在批注里而不是单元格内，如图2-23所示。

	A	B	C	D
1	项目	数量	实际数量	
2	项目1	2		
3	项目2	3	卢子：其中2个是借别人的	
4	项目3	1		
5	项目4	5	卢子：需要再扣减1个	
6	项目5	4		
7	项目6	5		
8	项目7	6		
9	项目8	2		
10				

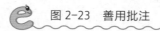

图 2-23　善用批注

陷阱八：换行不用Alt+Enter组合键，而是敲空格键，如图2-24所示。

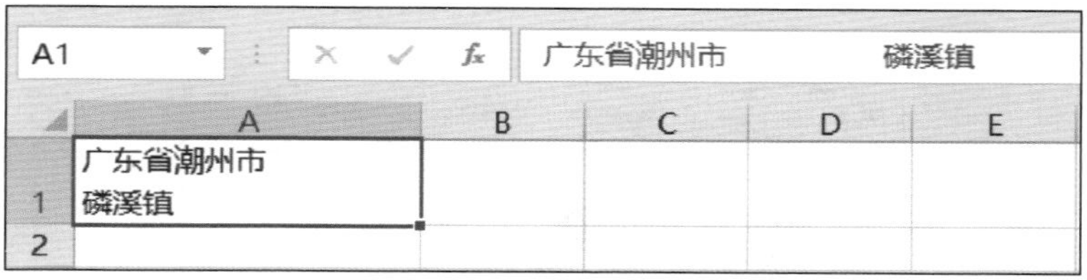

图 2-24　换行不用 Alt+Enter 组合键

陷阱九：对不齐的姓名用空格补齐，不用分散对齐，如图2-25所示。

陷阱十：一段内容分成多行，而不是选择Word，如图2-26所示。

图 2-25　用空格对齐姓名

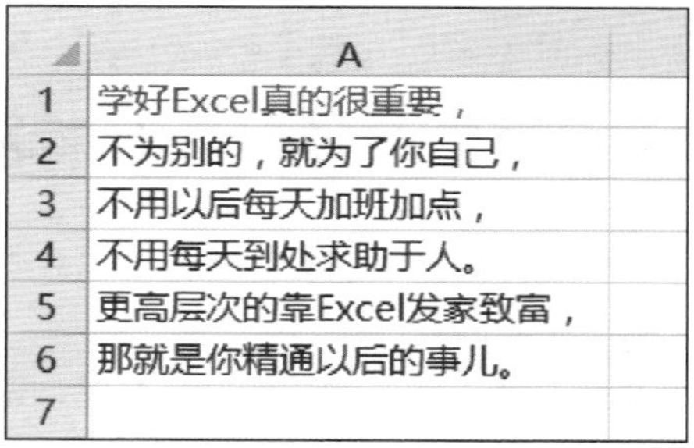

图 2-26　一段内容分成多行

陷阱十一：两个数据输在一个单元格里，位置不够用空格补足，如图 2-27所示。

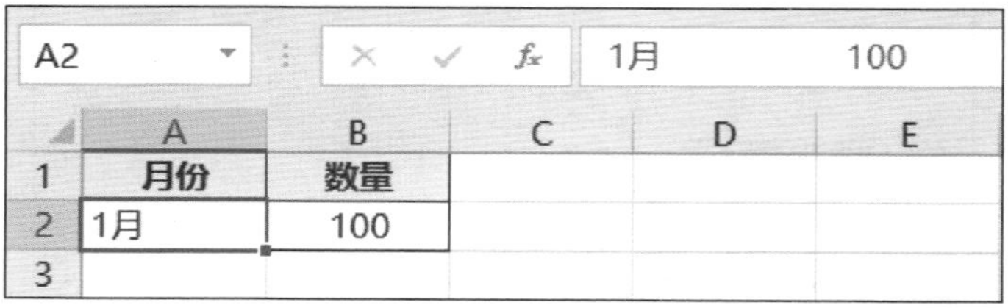

图 2-27　两个数据输在一个单元格里

陷阱十二：在内容前后添加几个空格，反正VLOOKUP函数一时半会儿也发现不了，如图2-28所示。

 图 2-28　在内容前后添加空格

还有很多反面教材，这里就不再赘述了。真的，每次看见这些都有种想吐血的感觉！

 **2.1.3 高效的统计，从标准的数据源做起**

很多朋友会发现，做出来的数据透视表有时会有瑕疵，如存在空白项、日期无法筛选或组合、求和无法得出正确的数值等。

要建立数据透视表，数据源必须为标准表。如果你的数据透视表出现了上述情况，说明你的数据源可能存在下面5个问题。

1. 标题缺失（完整的标题）。

如图2-29所示，"姓名"这个标题没有写，直接根据数据源创建数据透视表时，会弹出警告对话框，不允许创建数据透视表。

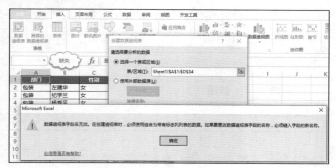

图 2-29　标题缺失不允许创建数据透视表

2. 数据用空行和标题分隔开（连续的数据区域）。

如图2-30所示，数据用空行和标题分隔开，默认情况下只选择第一个区域，下面的区域不会被选中。

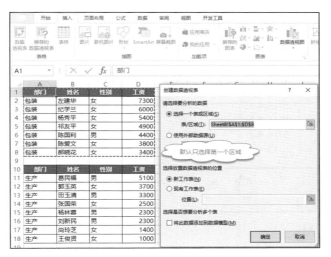

图 2-30　默认区域选错

如图2-31所示，如果手动更正区域，则会出现一些多余的名称——"部门"和"（空白）"。

图 2-31　多余名称

3. 存在不规范日期（规范的日期格式）。

当数据源中存在不规范日期时，会使建立后的数据透视表无法按日期进行分组，如图2-32所示。此时，应使用"分列"功能或者"替换"功能规范日期格式。

图 2-32　无法分组的日期

4. 存在文本型数字（值）。

文本型数字会使数据透视表无法正确求和。在建立数据透视表之前，应使用"分列"功能规范数值格式。如图2-33所示，文本型数字创建的数据透视表变成计数，而标准数字创建的数据透视表是求和。

图 2-33　文本型数字与标准数字创建数据透视表对比

5. 存在合并单元格（忌用合并单元格）。

如果存在合并单元格，除第一个单元格外，其他单元格均作为空值处理，所以在数据透视表中会出现"（空白）"项。如图2-34所示，当部门"使用合并单元格"时，统计结果就会出现错误。

图 2-34　合并单元格与标准表格创建数据透视表对比

在制作数据透视表之前，应该按照以上5点来检查数据区域，如果不满足上面的要求，需要先整理工作表中的数据使之规范。因此，在使用Excel的过程中，养成良好的数据处理习惯就显得尤为重要。

2.2　从零开始认识数据透视表

"透视"作为一个动词，意思是旋转。如果将数据看成一个物体，则数据透视表允许旋转数据进行汇总，从不同角度或观点来看它。数据透视表能够轻松地移动字段，交换字段位置，设置创建项目的特定组。

如果给出一个陌生的物体让你鉴定，你可能会从不同的角度观察它来得出答案。处理数据透视表与研究一个陌生的物体类似。此时，物体就是你自己的数据。数据透视表需要多次试验，所以要旋转并控制数据透视表直到你满意为止。最后得到的结果会让你感到惊讶。

数据透视表是一种让用户可以根据不同的分类、不同的汇总方式、快速查看各种形式的数据汇总报表。简单来说，就是快速分类汇总数据，在处理数据方面很强大！

2.2.1 什么是数据透视表

先一起看看微软的"帮助"是怎么定义数据透视表的。

数据透视表是一种可以快速汇总大量数据的交互式方法。使用数据透视表可以深入分析数据，并且可以回答一些预料不到的数据问题。数据透视表是专门针对以下用途设计的。

（1）以多种用户友好方式查询大量数据。

（2）对数据进行分类汇总和聚合，按分类和子分类对数据进行汇总，创建自定义计算和公式。

（3）展开或折叠所关注结果的数据级别，查看感兴趣区域汇总数据的明细。

（4）将行移动到列或将列移动到行（或"透视"），以查看源数据的不同汇总。

（5）对最有用和最关注的数据子集进行筛选、排序、分组和有条件地设置格式，使你能够关注所需的信息。

（6）提供简明、有吸引力并且带有批注的联机报表或打印报表。

通俗一点就是，数据透视表就好比孙悟空。

- 拥有一双火眼金睛：任何妖魔鬼怪都逃不出他的法眼。
- 拥有如意金箍棒：想长就长，想短就短，想大就大，想小就小。
- 本身过硬的技能：七十二变，想要什么就变什么。

总结起来就一句话：数据透视表可以快速以各种角度分析汇总数据。

2.2.2 如何创建数据透视表

针对一份最理想状态的明细表，创建数据透视表是非常方便的。

如图2-35所示，单击单元格A1，切换到"插入"选项卡，单击"数据透视表"按钮，弹出"创建数据透视表"对话框。这时数据透视表会自动帮你选择好区域，保持默认不变，单击"确定"按钮即可。

但是，有些时候数据源并不是最标准的，而是含有表头，而表头是不需要统计的。这时，就要确认数据透视表默认选择的区域是否正确，如果不正确，要自己重新引用正确的区域，如图2-36所示。

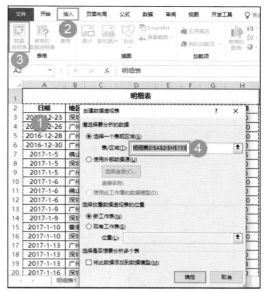

图 2-35　创建数据透视表　　　　　　　　　图 2-36　更改引用区域

默认情况下，数据透视表的存放位置是新工作表，而有时会存放在现有工作表的某个位置，方便查看数据，如图2-37所示。

图 2-37　选择放置数据透视表的位置

前面说过，勾选"将此数据添加到数据模型"复选框会新增一些功能，如不重复计数；除了这个功能外，还可以进行多表分析等，如图2-38所示。

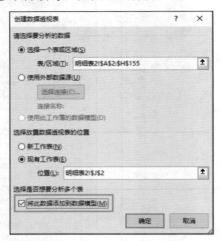

图 2-38　勾选"将此数据添加到数据模型"复选框

 **什么是字段和区域**

1. 字段。

所谓字段，说白了就是列标题，标准报表每一列的第一个单元格都是标题，这个非常好理解，如图2-39所示。

	A	B	C	D	E	F	G	H
1	日期	地区	销售部门	销售员代码	商品	数量	单价	金额
2	2016-12-23	深圳	一部	A00001	订书机	95	10	950
3	2016-12-26	广州		A00002	钢笔	50	30	1500
4	2016-12-28	广州	三部	A00003	钢笔	36	30	1080
5	2016-12-30	广州	二部	A00004	笔记本	27	20	540
6	2017-1-5	佛山	一部	A00005	订书机	56	11	616
7	2017-1-5	深圳	四部	A00006	铅笔	60	5	300
8	2017-1-5	广州	一部	A00001	订书机	75	11	825
9	2017-1-6	广州	三部	A00002	钢笔	90	30	2700
10	2017-1-6	佛山	二部	A00003	钢笔	32	30	960
11	2017-1-6	深圳	三部	A00004	笔记本	60	20	1200
12	2017-1-9	广州	四部	A00006	订书机	90	11	990
13	2017-1-9	深圳	一部	A00001	铅笔	29	5	145
14	2017-1-10	香港	三部	A00002	订书机	81	11	891

图 2-39　字段

2 区域。

区域共有4个，从上到下分别是"筛选"区域、"列"区域、"行"区域和"值"区域，如图2-40所示。

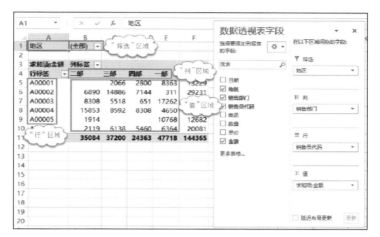

图 2-40　4个区域

字段列表中的4个区域含义如下。

（1）"筛选"区域：添加一个字段到"筛选"区域，可以使该字段包含在数据透视表的"筛选"区域中，以便对其独特的数据项进行筛选。

（2）"列"区域：添加一个字段到"列"区域，可以在数据透视表顶部显示来自该字段的独特的值。

（3）"行"区域：添加一个字段到"行"区域，可以沿数据透视表左边的整个区域显示来自该字段的独特的值。

（4）"值"区域：添加一个字段到"值"区域，可以使该字段包含在数据透视表的"值"区域中，并使用该字段中的值进行指定的计算。

 ## 2.2.4　如何添加、删除和修改字段

如图2-41所示，添加字段最常用的方法就是拖曳法，其适应范围比较广，更灵活。

如图2-42所示，添加字段还有一种方法，即勾选法，其适应范围比较窄，只能针对"行"和"值"。

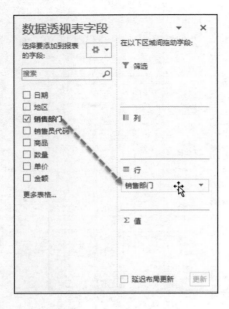 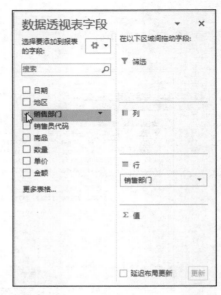

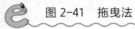
图 2-41　拖曳法

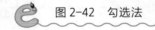
图 2-42　勾选法

如图2-43所示，勾选以后，文本内容自动到"行"，而"数量"和"金额"等数值形式的都到"值"。

图 2-43　勾选后效果

如图2-44所示，删除字段可不能像删除表格中的列一样，直接右击，在弹出的快捷菜单中选择"删除"命令。

图 2-44　直接删除

如图2-45所示，直接删除，立马弹出警告对话框。

图 2-45　警告对话框

如图2-46所示，正确的方法是取消字段的勾选，这就相当于删除字段。

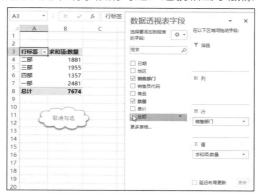

图 2-46　取消勾选

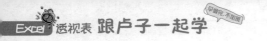

如图2-47所示，如果要一次性删除所有字段，可在"分析"选项卡中单击"清除"下拉按钮，在弹出的下拉列表中单击"全部清除"按钮。

 图 2-47 全部清除

如图2-48所示，这样就又变成一张空白的数据透视表了。

图 2-48 清除后效果

如图2-49所示，在创建完数据透视表后，很多时候字段的名称并不是很理想，需要重新修改。

行标签 ▼	最大值项:单价	最小值项:单价2	平均值项:单价3
笔记本	22	20	21.67741935
订书机	12	10	11.5106383
钢笔	32	30	31.0754717
铅笔	6	5	5.545454545
总计	32	5	19.49019608

 图 2-49 需要修改字段名称

如图2-50所示，其实修改字段名称跟修改普通单元格内容差不多，选择单元格，在编辑栏内进行修改。

如图2-51所示，其他字段名称也按照这种方法进行修改即可。

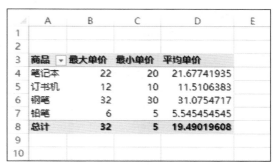

 图 2-50　修改字段名称

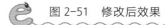 图 2-51　修改后效果

在修改字段名称时有一点要注意，行字段的名称可以跟原来标题一样，而值字段的名称不允许跟原来标题一样。

如图2-52所示，现在字段名称改成"单价"，回车后立马弹出警告对话框。

如图2-53所示，针对这种情况，可以在字段前面增加一个空格，这样数据透视表就会认为字段名称不一样了。

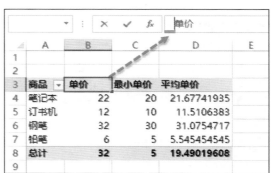

 图 2-52　警告对话框

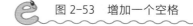 图 2-53　增加一个空格

2.2.5 如何设置数据透视表的单元格格式

通常情况下，我们设置单元格格式都是选择一整列，然后按Ctrl+1组合键，设置单元格格式为"数值"，"小数位数"为0，然后单击"确定"按钮，如图2-54所示。

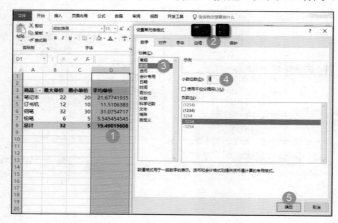

 图 2-54 设置单元格格式

在数据透视表中是不是也如此设置单元格格式？

当然，数据透视表也可以采用这种方法设置，不过一般采用另外一种方法。

如图2-55所示，选中"平均单价"列中的任一单元格，右击，在弹出的快捷菜单中选择"数字格式"命令。

图 2-55 选择"数字格式"命令

如图2-56所示，同样设置单元格格式为"数值"，"小数位数"为0，单击"确定"按钮。

如图2-57所示，数据透视表中只要设置了一个单元格格式，"平均单价"所在列中其他单元格中的数值格式都会同时更新。

图 2-56 设置单元格格式

图 2-57 设置单元格格式后效果

 2.2.6 如何快速生成多个数据透视表

通常情况下，我们创建数据透视表都是先选择区域，然后单击"数据透视表"按钮来完成，那么有没有什么办法省去前面这个步骤，快速生成多个数据透视表？

在表格中我们可以复制粘贴，其实在数据透视表中也可以复制粘贴。

如图2-58所示，通过复制粘贴一下子就生成了4个数据透视表。

图 2-58 复制粘贴数据透视表

如图2-59所示，再重新拖曳字段，就可以做不同的分析。

	商品	最大单价	最小单价	平均单价		商品	数量
	笔记本	22	20	22		笔记本	1554
	订书机	12	10	12		订书机	2346
	钢笔	32	30	31		钢笔	2463
	铅笔	6	5	6		铅笔	1311
	总计	32	5	19		总计	7674
	商品	金额				地区	金额
	笔记本	33642				佛山	19802
	订书机	26947				广州	85788
	钢笔	76507				深圳	33908
	铅笔	7269				香港	4867
	总计	144365				总计	144365

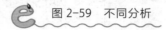

图 2-59　不同分析

2.2.7　如何将数据透视表转换成普通表格

我们直接复制粘贴数据透视表的结果依然是数据透视表，其实在粘贴的时候我们还可以进行其他转换。例如，右击，在"粘贴选项："栏中单击"值"按钮 。这个操作就相当于粘贴成值，这样就变成了普通的表格，如图 2-60所示。

图 2-60　粘贴成值

不过这样一来，原来的数据透视表格式就没有了，那么有没有办法既转换成普通表格，又保留原来数据透视表的格式？

如图2-61所示，粘贴成值后，再复制原来的数据透视表，再粘贴一次，这次在"粘贴选项："栏中单击"格式"按钮 。

图 2-61　粘贴格式

 **2.2.8 如何移动和删除数据透视表**

通过两次粘贴，就实现了将数据透视表转换成普通表格，而又保留了数据透视表的格式。

有的时候，创建好了数据透视表以后会发现存放的位置不理想，这时就需要移动数据透视表，将其存放在新的位置。

如图2-62所示，单击数据透视表中的任意单元格，切换到"分析"选项卡，单击"移动数据透视表"按钮，在弹出的"移动数据透视表"对话框中选择存放的位置，单击"确定"按钮。

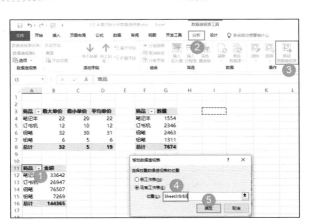

 图 2-62　移动数据透视表

如图2-63所示，这样就将数据透视表移动到了目标位置。接下来，还要将不需要的数据透视表删除。

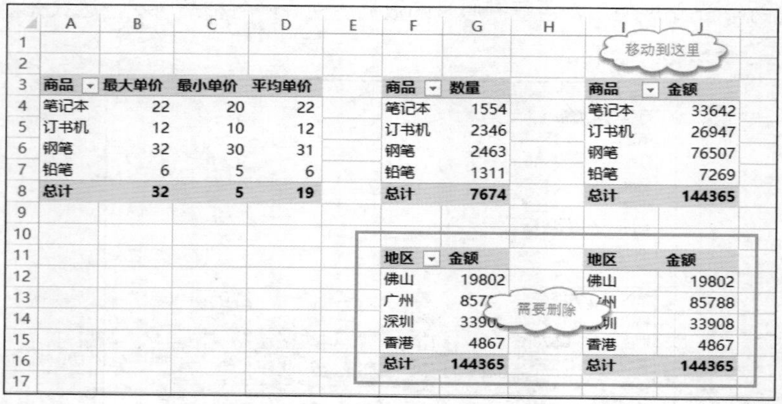

	A	B	C	D	E	F	G	H	I	J
1										
2										移动到这里
3	商品	最大单价	最小单价	平均单价		商品	数量		商品	金额
4	笔记本	22	20	22		笔记本	1554		笔记本	33642
5	订书机	12	10	12		订书机	2346		订书机	26947
6	钢笔	32	30	31		钢笔	2463		钢笔	76507
7	铅笔	6	5	6		铅笔	1311		铅笔	7269
8	总计	32	5	19		总计	7674		总计	144365
9										
10										
11						地区	金额		地区	金额
12						佛山	19802		佛山	19802
13						广州	857	需要删除	州	85788
14						深圳	3390		圳	33908
15						香港	4867		香港	4867
16						总计	144365		总计	144365
17										

图 2-63　需要删除数据透视表

如图2-64所示，选择一个比数据透视表还大的区域，比如，选择第10~17行，右击，在弹出的快捷菜单中选择"删除"命令。

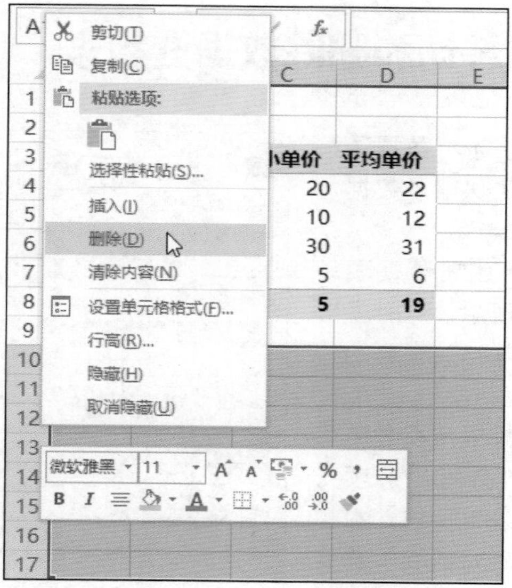

图 2-64　选择"删除"命令

如图2-65所示，这样就将不需要的数据透视表删除了。

商品	最大单价	最小单价	平均单价		商品	数量		商品	金额
笔记本	22	20	22		笔记本	1554		笔记本	33642
订书机	12	10	12		订书机	2346		订书机	26947
钢笔	32	30	31		钢笔	2463		钢笔	76507
铅笔	6	5	6		铅笔	1311		铅笔	7269
总计	32	5	19		总计	7674		总计	144365

图 2-65　删除后效果

 **2.2.9　如何处理大数据卡顿问题**

前面的案例，数据量都比较小。当数据量非常庞大的时候，每次将字段拖曳到数据透视表中都会卡顿。虽然每次只是几秒钟，但是等待的过程总是令人恼火的。

如图2-66所示，在"数据透视表字段"窗格中有一个不起眼的功能——"延迟布局更新"，勾选该复选框后，数据透视表不会有任何改变，但会减少每次添加字段数据透视表都要重新计算的时间。

图 2-66　延迟布局更新

如图2-67所示，布局完成后，单击"更新"按钮，就一次性完成了数据透视表布局的更新。

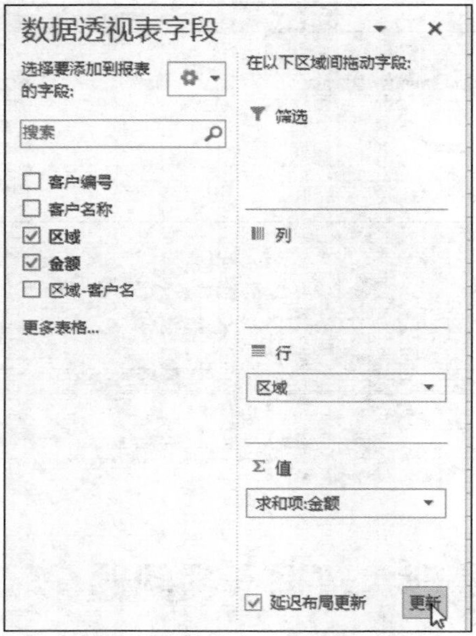

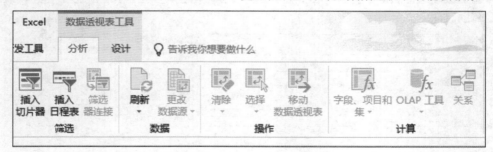

图 2-67　更新

如图2-68所示，在勾选"延迟布局更新"复选框后，有部分数据透视表功能会被禁止。

图 2-68　勾选"延迟布局更新"复选框后部分功能会被禁止

为了不影响其他功能的使用，数据透视表生成完毕后，需要取消勾选"延迟布局更新"复选框。

2.2.10 如何对 Access 和记事本中的数据创建数据透视表

有的时候，我们的数据是从系统导出来的，而系统导出来的格式有很多种，可能是 Excel，可能是Access，也有可能是"记事本"，总之各种情况都有。

用Excel我们知道如何创建数据透视表，那么针对其他数据源，又该如何创建呢？

如图2-69所示，Excel提供了导入外部数据源的功能，如自Access、自网站、自文本等。

图 2-69 导入外部数据源

如图2-70所示，单击"自其他来源"下拉按钮，在弹出的下拉列表中提供了多种来源。"现有连接"和"新建查询"这些在后面的章节将会详细说明。

图 2-70 自其他来源

"自Access""自文本"在创建数据透视表的过程中有很多不同的地方,下面详细说明。

1. 自Access。

➡Step 01 如图2-71所示,在"数据"选项卡中单击"自Access"按钮,在弹出的"选取数据源"窗口中浏览找到Access文件所在位置,选中文件并单击"打开"按钮。

➡Step 02 如图2-72所示,导入的数据在工作簿中的显示方式有4种,这里选中"数据透视表"单选按钮,"数据的放置位置"选择现有工作表的A1单元格,单击"确定"按钮。

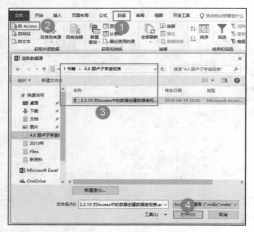

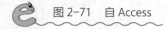
图 2-71 自 Access

图 2-72 导入数据

➡Step 03 如图2-73所示,将"地区"拖到"行","金额"拖到"值"。

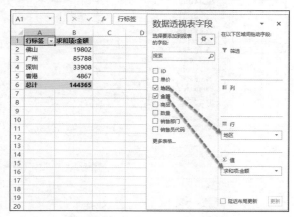

图 2-73 添加字段

2. 自文本。

"自文本"的步骤可比"自Access"多很多。

➡️Step 01 如图2-74所示，在"数据"选项卡中单击"自文本"按钮，在弹出的"导入文本文件"窗口中浏览到"记事本"文件所在位置，选中文件并单击"导入"按钮。

➡️Step 02 如图2-75所示，在弹出的"文本导入向导"对话框中，确认一下是否为简体中文（如要使用其他语言，需要自己手动选择正确的语言），勾选"数据包含标题"复选框，单击"下一步"按钮。

 图 2-74　自文本

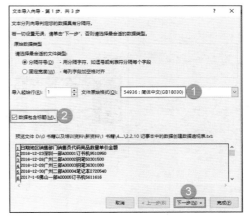

图 2-75　"文本导入向导"对话框

➡️Step 03 如图2-76所示，这里已经按Tab键分隔好了，如果不是，可以选择实际的分隔符号，单击"下一步"按钮。

 图 2-76　按分隔符号分列

➡️**Step 04** 如图2-77所示，确认一下每一列数据的格式是否需要更改，如果有长字符串，需要将其设置为文本格式；如果不需要更改，直接单击"完成"按钮。

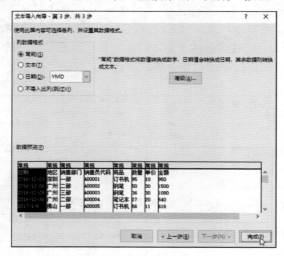

图 2-77　列数据格式

➡️**Step 05** 如图2-78所示，导入数据的时候数据在工作簿中的显示方式都是不可选的，数据的存放位置选择现有工作表的A1单元格，单击"确定"按钮。

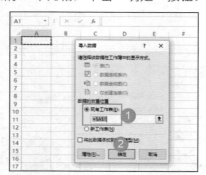

图 2-78　导入数据

➡️**Step 06** 如图2-79所示，单击单元格A1，切换到"插入"选项卡，单击"数据透视表"

按钮，弹出"创建数据透视表"对话框。这时数据透视表会自动帮你选择好区域，保持默认不变，单击"确定"按钮即可。

➡️**Step 07** 如图2-80所示，将"商品"拖到"行"，"数量"拖到"值"。

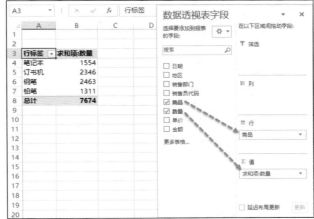

 图 2-79　创建数据透视表　　　　　　　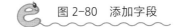 图 2-80　添加字段

2.3　小结与练习

好习惯等于成功了一半，在学习数据透视表之前，必须拥有一份标准的数据源，这样会减少很多不必要的麻烦。刚开始接触数据透视表会遇到一些小问题，不过数据透视表入门还是非常容易的。

课后练习：

这是一份不规范的数据源，"日期"这一列分隔符号用"."隔开而且采用了合并单元格，"单价"含有单位，如图2-81所示。

	A	B	C	D	E
1	日期	名称	单位	数量	单价
2	2017.07.01	150g连祥腊肠	包	100	5.5元
3		100g潮厨猪肉脯	包	20	5.5元
4		190g连祥枣肠	包	100	7元
5	2017.07.02	228g潮厨猪肉脯（黑椒味）	箱	3	12.8元
6		150g连祥腊肠	包	10	6.5元
7		190g连祥枣肠	包	10	7.5元
8		散装腊肠	斤	10	18元
9	2017.07.03	200g腊肉	箱	1	140元
10		100g潮厨猪肉脯（原味）	箱	1	132元
11		190g连祥腊肠	箱	1	130元
12		138g潮厨猪肉松	箱	4	144元
13	2017.07.04	132g金钱猪肉脯(1*24盘)	箱	3	168元
14		XO酱猪肉脯	箱	1	230元
15		散装腊肠	斤	7.5	17元
16		散装大脯（无包装）	箱	1	28元
17					

图 2-81　不规范数据源

现在要将"日期"以"-"作为分隔符号而且填充合并单元格的内容，"单价"没有单位，如图2-82所示。

	A	B	C	D	E
1	日期	名称	单位	数量	单价
2	2017-7-1	150g连祥腊肠	包	100	5.5
3	2017-7-1	100g潮厨猪肉脯	包	20	5.5
4	2017-7-1	190g连祥枣肠	包	100	7
5	2017-7-2	228g潮厨猪肉脯（黑椒味）	箱	3	12.8
6	2017-7-2	150g连祥腊肠	包	10	6.5
7	2017-7-2	190g连祥枣肠	包	10	7.5
8	2017-7-2	散装腊肠	斤	10	18
9	2017-7-3	200g腊肉	箱	1	140
10	2017-7-3	100g潮厨猪肉脯（原味）	箱	1	132
11	2017-7-3	190g连祥腊肠	箱	1	130
12	2017-7-3	138g潮厨猪肉松	箱	4	144
13	2017-7-4	132g金钱猪肉脯(1*24盘)	箱	3	168
14	2017-7-4	XO酱猪肉脯	箱	1	230
15	2017-7-4	散装腊肠	斤	7.5	17
16	2017-7-4	散装大脯（无包装）	箱	1	28
17					

图 2-82　规范数据源

第3章
让数据分析更多样化

在实际工作中，我们不仅仅要对数据进行简单汇总，还要进行排序、筛选，求平均值、最大值，按年月汇总等。领导们的需求是多样化的，我们要做的是满足他们的所有需求。

-Microsoft
OFFICE
-Excel

3.1　排序让数据更直观

没有排序就相当于东西乱扔，看起来很凌乱，给人一种不好的印象。而排序就类似于处女座做事，一切都要井井有条，似有强迫症，但给人的印象非常好。

3.1.1　对金额进行自动排序

如图3-1所示，正常情况下我们直接创建的数据透视表是没有排序的，金额看起来非常乱，哪个最大，哪个最小，要比较好长时间才能知道。

在数据透视表中排序跟我们平常在表格中的操作方法是一样的。

如图3-2所示，选中金额所在单元格，右击，在弹出的快捷菜单中选择"排序"→"降序"命令。

行标签	求和项:金额
Excel	500
财经	16145
电子信息	14910.5
工贸	2591
轻工高技	13980
社会大学	1000
省科技	19737.5
舞蹈	13487
总计	82351

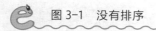 图 3-1　没有排序

 图 3-2　对金额进行降序排序

如图3-3所示，对金额进行降序排序后看起来就非常直观，一目了然了。

	A	B
1		
2		
3	**行标签**	**求和项:金额**
4	省科技	19737.5
5	财经	16145
6	电子信息	14910.5
7	轻工高技	13980
8	舞蹈	13487
9	工贸	2591
10	社会大学	1000
11	Excel	500
12	**总计**	**82351**
13		

图 3-3　金额降序排序效果

3.1.2 对分类手动进行排序

如图3-4所示，排序后又往里面添加了分类字段。按照我们制作表格的习惯，都会把“其他”放在最后面。在表格中我们都是剪切、粘贴过去，在数据透视表中是否也可以这么做呢？试一下看效果如何？

	A	B	C	D	E	F
1						
2						
3	**求和项:金额**	**列标签**				
4	**行标签**	**材料**	**其他**	**人工**	**运费**	**总计**
5	省科技	19737.5				19737.5
6	财经	16145				16145
7	电子信息	14910.5				14910.5
8	轻工高技	13980				13980
9	舞蹈	13037		300	150	13487
10	工贸	341	600	1500	150	2591
11	社会大学			1000		1000
12	Excel			500		500
13	**总计**	**78151**	**600**	**3300**	**300**	**82351**
14						

图 3-4　“其他”没有放在最后

如图3-5所示，剪切"其他"，粘贴过去，立马提示"无法将数据项粘贴到不同字段"，说明这个想法行不通。

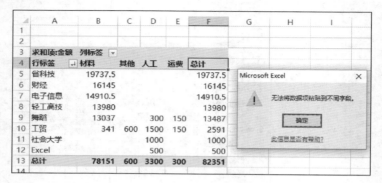

图 3-5　粘贴提示对话框

其实数据透视表不仅不能粘贴，插入行与删除行都是不允许的。前面一直强调数据透视表的精华就是"拖曳"两个字，其实在这里可以借助拖曳来实现。

如图3-6所示，将光标放到"其他"右侧边缘，当其变为四向箭头形状时，将"其他"拖曳到"运费"后面。

求和项:金额	列标签				
行标签	材料	其他	人工	运费	总计
省科技	19737.5				19737.5
财经	16145				16145
电子信息	14910.5				14910.5
轻工高技	13980				13980
舞蹈	13037		300	150	13487
工贸	341	600	1500	150	2591
社会大学			1000		1000
Excel			500		500
总计	78151	600	3300	300	82351

图 3-6　拖曳

如图3-7所示，这样"其他"就被放在了最后。

	A	B	C	D	E	F
1						
2						
3	求和项:金额	列标签				
4	行标签	材料	人工	运费	其他	总计
5	省科技	19737.5				19737.5
6	财经	16145				16145
7	电子信息	14910.5				14910.5
8	轻工高技	13980				13980
9	舞蹈	13037	300	150		13487
10	工贸	341	1500	150	600	2591
11	社会大学		1000			1000
12	Excel		500			500
13	总计	78151	3300	300	600	82351
14						

图 3-7 拖曳后效果

对于一些特殊的排序，都可以采用这种拖曳的方法完成。

如图3-8所示，正常情况下录入班级名称直接输入数字1~*n*即可，但是很多人喜欢在后面添加一个"班"字，这样一来创建的数据透视表排序就乱了。此时就可以采用拖曳的方法将"10班"拖到"9班"的后面，从而实现排序。

行标签	求和项:金额		行标签	求和项:金额
10班	100		1	100
1班	100		2	200
2班	200		3	200
3班	200		4	100
4班	100		5	60
5班	60		6	80
6班	80		7	300
7班	300		8	400
8班	400		9	90
9班	90		10	100
11班	200		11	200
总计	1830		总计	1830

图 3-8 文本与数字班级的对比

3.1.3 借助自定义排序对学校进行特殊的排序

排序还有一种比较特殊的情况，就是自定义排序。这种主要是针对一些特殊群体，比如，某些公司的职位组长比班长还大，又比如，项目一定要按照领导给的顺序进行排序，再比如，项目一定要按照数据源原来出现的顺序进行排序。

家家都有一些特殊情况，对于这种情况Excel比较友好地提供了自定义排序的功能。

现在排序依据在I列，对"学校"进行自定义排序。

➡Step 01 如图3-9所示，选择"文件"→"选项"命令，在弹出的"Excel选项"对话框中选择"高级"选项卡，单击"编辑自定义列表"按钮。

图 3-9 单击"编辑自定义列表"按钮

➡Step 02 如图3-10所示，在弹出的"选项"对话框中选择排序依据的区域，单击"导入"按钮，这时可以看到"自定义序列"列表框中出现我们刚刚导入的序列；单击"确定"按钮，回到"Excel选项"对话框，从中单击"确定"按钮。

➡Step 03 如图3-11所示，单击"行标签"的"排序"按钮，在弹出的下拉列表中选择"其他排序选项"命令。

图 3-10 导入排序依据

图 3-11 选择"其他排序选项"命令 1

➡Step 04 如图3-12所示，在弹出的"排序（学校）"对话框中单击"其他选项"按钮。

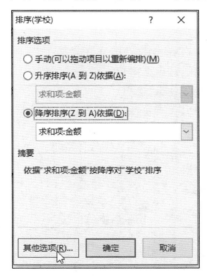

图 3-12 单击"其他选项"按钮

➡️Step 05 如图3-13所示，在弹出的"其他排序选项（学校）"对话框中取消勾选"每次更新报表时自动排序"复选框，在"主关键字排序次序"下拉列表中选择刚刚导入的排序依据，单击"确定"按钮。

➡️Step 06 如图3-14所示，单击"行标签"的"排序"按钮，在弹出的下拉列表中选择"其他排序选项"命令。

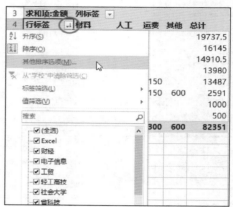

图 3-13　设置自定义排序　　　图 3-14　选择"其他排序选项"命令 2

➡️Step 07 如图3-15所示，在弹出的"排序（学校）"对话框中对"学校"进行升序排序，单击"确定"按钮，就完成了自定义排序。

图 3-15　对"学校"进行升序排序

知识扩展：

如图3-16所示，取消勾选"每次更新报表时自动排序"复选框后，还可以设置按字母排序和按笔画排序。

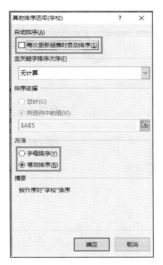

 图 3-16　字母排序和笔画排序

3.2　数据任我筛选

我们经常可以听到这么一个词——百里挑一，其实筛选就是从海量的数据中挑选出符合条件的值。比如，教师都喜欢成绩优秀的学生，以等级为依据，就可以轻而易举地挑选出所有优秀的学生。

3.2.1　对分类进行筛选

在对数据进行统计分析的时候，很多时候都是排除掉"其他"这个因素。"其他"不过就是不知如何分类就扔在那里，特别是做会计的人很喜欢这么做。

现在分类字段中包含"其他"，要将"其他"取消掉。

如图3-17所示，单击"列标签"的"筛选"按钮，取消"其他"的勾选，单击"确定"按钮。

图 3-17　取消"其他"的勾选

如图3-18所示，这样就得到了不包含"其他"的统计。

	A	B	C	D	E
1					
2					
3	求和项:金额	列标签			
4	行标签	材料	人工	运费	总计
5	舞蹈	13037	300	150	13487
6	财经	16145			16145
7	轻工高技	13980			13980
8	省科技	19737.5			19737.5
9	电子信息	14910.5			14910.5
10	工贸	341	1500	150	1991
11	社会大学		1000		1000
12	Excel		500		500
13	总计	78151	3300	300	81751
14					

图 3-18　不包含"其他"

在实际情况中，有的时候分类包含的内容是非常多的，不容易一下就找到"其他"。

如图3-19所示，选择"标签筛选"→"不等于"命令。

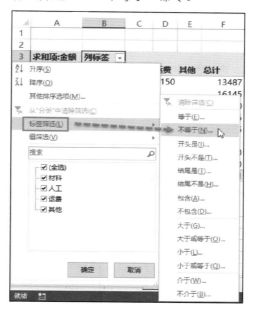

图 3-19　选择"标签筛选"→"不等于"命令

如图3-20所示，在弹出的"标签筛选（分类）"对话框中输入"其他"，单击"确定"按钮，就完成了筛选。

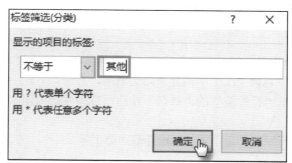

图 3-20　不等于其他

如果要把结尾不是"其他"的都筛选出来，也很容易。

如图3-21所示，选择"标签筛选"→"结尾不是"命令。

如图3-22所示，在弹出的"标签筛选（分类）"对话框中输入"他"，单击"确定"按钮，就完成了筛选。

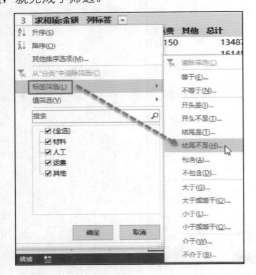

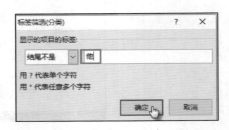

 图 3-21　选择"标签筛选"→"结尾不是"命令　　 图 3-22　结尾不是其他

 3.2.2　**搜索框的妙用**

从Excel 2010以后就提供了搜索框这个功能，借助搜索框进行搜索非常方便。

如果要将学校名称中包含"工"字的全部筛选出来，方法如下。

如图3-23所示，单击"行标签"的"筛选"按钮，在搜索框内输入"工"，单击"确定"按钮，就完成了筛选。

如图3-24所示，这样包含"工"字的学校都被筛选出来了。

图 3-23　搜索框

图 3-24　包含"工"字的学校筛选结果

当项目非常多的时候，搜索框的便捷性就更能体现出来了。例如，现在要将EM系列的所有产品筛选出来，如图3-25所示。

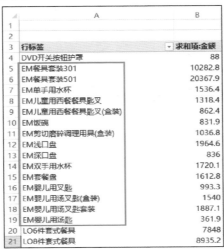

图 3-25　EM 系列产品筛选

如图3-26所示，在搜索框内输入EM，单击"确定"按钮。

如图3-27所示，EM系列产品就被全部筛选出来了。

	A	B
1		
2		
3	行标签 ▼	求和项:金额
4	DVD ↑↓ 升序(S)	88
5	EM餐 ↓↑ 降序(O)	10282.8
6	EM餐 其他排序选项(M)...	20367.9
7	EM单 从"货名"中清除筛选(C)	1536.4
8	EM儿 标签筛选(L) ▶	1318.4
9	EM儿 值筛选(V) ▶	862.4
10	EM饭	831.9
11	EM剪 EM	1036.8
12	EM浅 ☑(选择所有搜索结果)	1964.6
13	EM深 ☐将当前所选内容添加到筛选器	836
14	EM双 ☑EM餐具套装301	1720.1
15	EM套 ☑EM餐具套装501	1612.8
16	EM婴 ☑EM单手用水杯	993.3
17	EM婴 ☑EM儿童用西餐餐具匙叉	1540
18	EM婴 ☑EM儿童用西餐餐具匙叉(盒装)	1887.1
19	EM婴 ☑EM饭碗	361.9
20	LO6	7848
21	LO8 确定 取消	8935.2
	Sheet4 She	

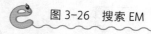

图 3-26 搜索 EM

	A	B
1		
2		
3	行标签 ▼	求和项:金额
4	EM餐具套装301	10282.8
5	EM餐具套装501	20367.9
6	EM单手用水杯	1536.4
7	EM儿童用西餐餐具匙叉	1318.4
8	EM儿童用西餐餐具匙叉(盒装)	862.4
9	EM饭碗	831.9
10	EM剪切磨碎调理用具(盒装)	1036.8
11	EM浅口盘	1964.6
12	EM深口盘	836
13	EM双手用水杯	1720.1
14	EM套餐盘	1612.8
15	EM婴儿用叉匙	993.3
16	EM婴儿用汤叉匙(盒装)	1540
17	EM婴儿用汤叉匙套装	1887.1
18	EM婴儿用汤叉匙	361.9
19	总计	47152.4
20		

图 3-27 EM 系列产品

3.2.3 清除筛选，从头再来

有些时候，在完成筛选后还需要将其清除以进行其他的统计分析。

如图3-28所示，单击"行标签"的"筛选"按钮，在弹出的下拉列表中选择"从'学校'中清除筛选"，然后单击"确定"按钮。

同理，"列标签"也是这么清除筛选。

如图3-29所示，经过2次清除筛选就恢复了原来没有筛选的样子。

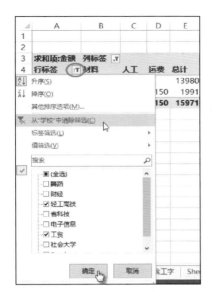

 图 3-28 清除筛选

 图 3-29 全部清除筛选

其实对数据透视表的操作也可以借助一些表格自带的功能来进行，而不一定非要在数据透视表中操作。选择"数据"选项卡，单击"清除"按钮，一次就完成了所有筛选的清除，更高效，如图3-30所示。

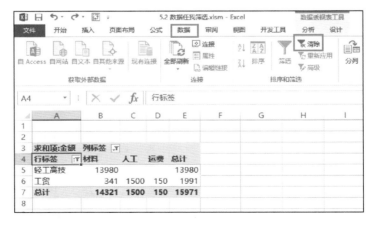

 图 3-30 单击"清除"按钮

3.2.4 将金额最大的前 3 所学校挑选出来

在大多数情况下，我们关注的都是前几名的信息。比如，去京东买书，一般都是从排名前几名的书籍中挑选一本，其他的直接忽略掉。也正因为如此，才有这么一句话"互联网时代只有老大，没有老二"。

现在要将金额最大的前3所学校挑选出来。

如图3-31所示，单击"行标签"的"筛选"按钮，在弹出的下拉列表中选择"值筛选"→"前10项"命令。

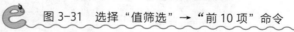
图 3-31 选择"值筛选"→"前 10 项"命令

如图3-32所示，在弹出的"前10个筛选（学校）"对话框中将"10"改成"3"，单击"确定"按钮。

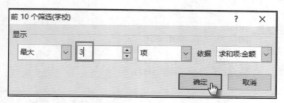

图 3-32 更改为最大 3 项

72

如图3-33所示，这样金额最大的3所学校就被筛选出来了。

▲	A	B	C	D	E	F
1						
2						
3	求和项:金额	列标签 ▾				
4	行标签 🔽	材料	人工	运费	其他	总计
5	财经	16145				16145
6	省科技	19737.5				19737.5
7	电子信息	14910.5				14910.5
8	总计	50793				50793
9						

图 3-33　最大 3 项的效果

"前10项"这个功能除了可以筛选最大外，也可以筛选最小。

如图3-34所示，将"最大"改成"最小"，单击"确定"按钮。

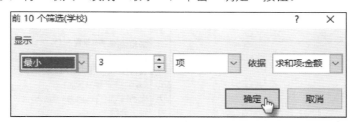

图 3-34　最小 3 项

如图3-35所示，这样金额最小的3所学校就被筛选出来了。

▲	A	B	C	D	E	F
1						
2						
3	求和项:金额	列标签 ▾				
4	行标签 🔽	材料	人工	运费	其他	总计
5	工贸	341	1500	150	600	2591
6	社会大学		1000			1000
7	Excel		500			500
8	总计	341	3000	150	600	4091
9						

图 3-35　最小 3 项的效果

3.3 人性化的组合

物以类聚，人以群分。喜欢学习Excel的人就加Excel群，喜欢PPT的人就加PPT群。群就相当于对人进行分组，或称为组合，即将兴趣相同的人群组合在一起。

3.3.1 对学校划分等级

如图3-36所示，对原先的表格取消筛选，并对金额进行降序排序。准备对学校进行等级划分，前3名为一个等级，剩下的为另一个等级。

如图3-37所示，选择前3所学校，右击，在弹出的快捷菜单中选择"创建组"命令。

	A	B	C	D	E	F
1						
2						
3	求和项:金额	列标签 ▼				
4	行标签 ↓	材料	人工	运费	其他	总计
5	省科技	19737.5				19737.5
6	财经	16145				16145
7	电子信息	14910.5				14910.5
8	轻工高技	13980				13980
9	舞蹈	13037	300	150		13487
10	工贸	341	1500	150	600	2591
11	社会大学		1000			1000
12	Excel		500			500
13	总计	78151	3300	300	600	82351
14						

图 3-36 取消筛选并对金额进行降序排序

图 3-37 选择"创建组"命令1

如图3-38所示，这时"舞蹈"这所学校出现排序混乱，手动将其拖曳进行排序。

如图3-39所示，选择剩下的学校，右击，在弹出的快捷菜单中选择"创建组"命令。

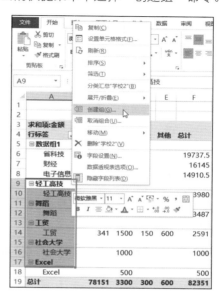

图 3-38　手工排序

图 3-39　选择"创建组"命令 2

如图3-40所示，经过2次"创建组"，就完成了对学校等级的划分。

图 3-40　创建组后效果

如图3-41所示,通过单击"+""—"按钮,可以将内容展开或折叠起来。现在要将不重要的等级折叠起来,单击"—"按钮即可。折叠起来后就只有汇总,没有里面的学校。

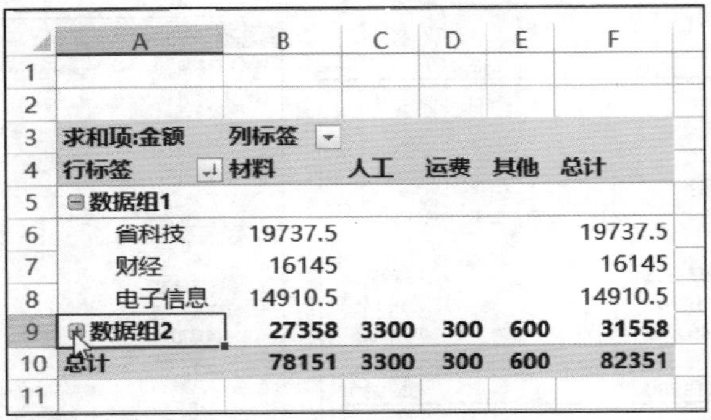

	A	B	C	D	E	F
1						
2						
3	求和项:金额	列标签 ▾				
4	行标签 ↓↑	材料	人工	运费	其他	总计
5	⊟ 数据组1					
6	省科技	19737.5				19737.5
7	财经	16145				16145
8	电子信息	14910.5				14910.5
9	⊞ 数据组2	27358	3300	300	600	31558
10	总计	78151	3300	300	600	82351
11						

图 3-41 折叠 / 展开操作

如图3-42所示,经过"创建组"以后,在"数据透视表字段"窗格中多了一个字段"学校2"。

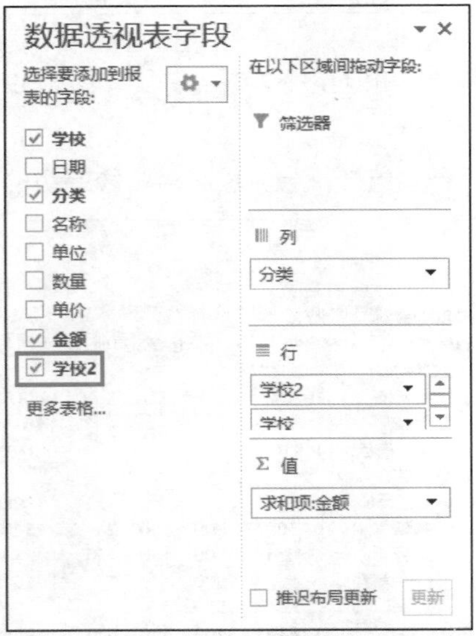

图 3-42 多了"学校 2"字段

3.3.2 轻松实现按年月汇总金额

　　如图3-43所示，正常情况下数据源都只有一个日期，没有年份和月份。对于这种情况，如果要按年月汇总金额，是不是要用YEAR函数提取年份，用MONTH函数提取月份呢？如果还要按季度汇总，那公式就更复杂了。

	学校	日期	分类	名称	单位	数量	单价	金额
2	舞蹈	2015-8-21	人工	维修	次	1	300	300
3	舞蹈	2015-8-21	材料	双排基业配电箱	个	2	270	540
4	舞蹈	2015-8-21	材料	1.5*250*30槽	米	28	42	1176
5	舞蹈	2015-8-21	材料	2.5平方电线	扎	12	148	1776
6	舞蹈	2015-8-21	材料	2.5平方地线	扎	4	160	640
7	舞蹈	2015-8-21	材料	20A漏电开关	个	24	56	1344
8	舞蹈	2015-8-21	运费	材料运费	项	1	150	150
9	舞蹈	2015-8-21	材料	20#黄蜡管	支	60	2	120
10	舞蹈	2015-8-21	材料	pvc20管	支	100	4.2	420
11	财经	2015-8-21	材料	20波纹管	米	100	0.85	85
12	财经	2015-8-21	材料	5*250扎带	包	6	25	150
13	财经	2015-8-21	材料	电工胶布	个	20	1.5	30
14	财经	2015-8-21	材料	玻璃枪	支	1	8	8
15	财经	2015-8-21	材料	玻璃胶	支	10	8	80

图 3-43　数据源

　　数据透视表之所以说是Excel最强大的工具，肯定有很多强大的功能。对于日期的处理，就是一个非常好的证明。

　　如图3-44所示，根据数据源，按"日期"与"金额"创建数据透视表。

	A	B
1		
2		
3	行标签 ▼	求和项:金额
4	2015-7-30	180
5	2015-8-11	8850
6	2015-8-15	385
7	2015-8-16	8178
8	2015-8-21	7671
9	2015-8-23	190
10	2015-8-26	3328
11	2015-8-30	110
12	2015-9-1	9830
13	2015-9-5	150
14	2015-9-6	2017
15	2015-9-12	21

图 3-44　创建数据透视表

如图3-45所示，选中任意日期所在单元格，右击，在弹出的快捷菜单中选择"创建组"命令。

弹出"组合"对话框，"步长"这里默认就是"月"，保持默认不变就是按月份组合，单击"确定"按钮，如图3-46所示。

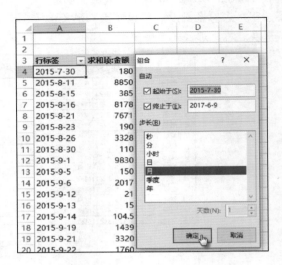

图 3-45 选择"创建组"命令1   图 3-46 按月组合

如图3-47所示，这样就完成了按月份汇总金额。

行标签 ▼	求和项:金额
1月	2591
6月	1500
7月	180
8月	30337
9月	18930.5
10月	12080
11月	9711.5
12月	7021
总计	82351

图 3-47 按月组合效果

如果日期都是在同一年，按月份组合就行了；而如果日期是跨年的，则仅仅按月份组合是不行的，还要再增加年份。

如图3-48所示，选择任意日期所在单元格，右击，在弹出的快捷菜单中选择"创建组"命令。

弹出"组合"对话框，在"步长"列表框中选择"年""月"，单击"确定"按钮，如图3-49所示。

图 3-48 选择"创建组"命令 2

图 3-49 按年月组合

如图3-50所示，这样就实现了按年月汇总金额。

同理，如果还要按季度汇总，再选择"季度"，如图3-51所示。

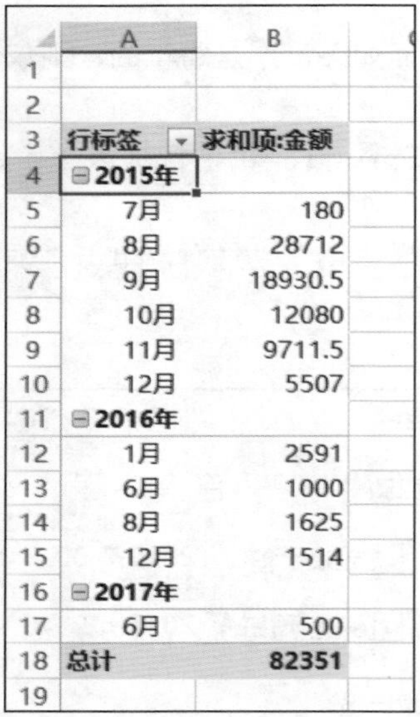

图 3-50　按年月组合效果

图 3-51　按年季度月组合

3.3.3　Excel 2016 让人惊叹的日期处理能力

前面操作的版本是Excel 2013，现在使用Excel 2016创建数据透视表。

如图3-52所示，现在笔者只是将"日期"拖到"行"区域，没进行任何其他的操作（需要特别强调这一点，要不然还以为笔者做了手脚），数据透视表居然神奇地帮我们将日期进行了组合。

图 3-52　将"日期"拖到"行"区域

如图3-53所示，将2015年的"+"全部展开，可以看到其中同时按季度和月份进行了组合。

 图 3-53　打开"+"的按钮

一句话，也就是其他版本搞了半天才完

成的事，Excel 2016直接就提供给你，微软实在太贴心！版本越高，操作上越容易。

针对用户在字段太多的情况下不容易找到所需字段，Excel 2016还特意增加了字段搜索功能。如图3-54所示，在搜索框中输入"单"，就会出现与"单"字有关的字段。

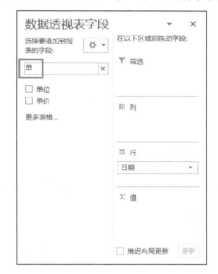

 图 3-54　搜索字段

3.4　汇总方式大变身

在每次考试后，教师都会说一下这次考试最高分是多少，平均分是多少，偶尔还会说下最低分，比较专业的教师还会计算各种等级的占比等，而这些就是数字的一种汇总方式，可以任意改变。

3.4.1　获取每个学校的最大、最小·、平均金额

如图3-55所示，正常情况下，数据透视表都是对金额进行求和的，但是有些时候会比较特殊，需要获取每个学校的最大、最小、平均金额。

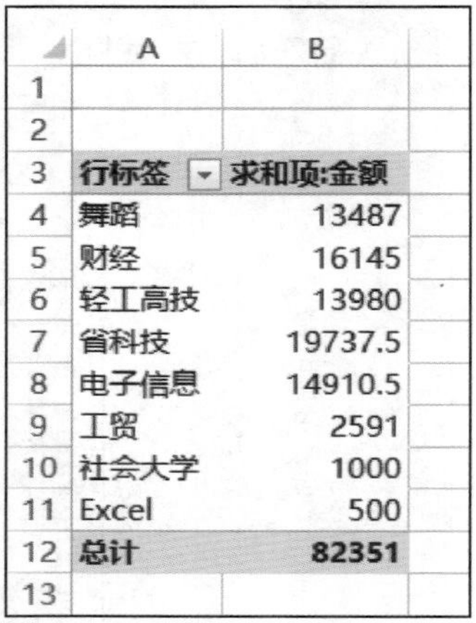

A
B
1
2
3 行标签 求和项:金额
4 舞蹈 13487
5 财经 16145
6 轻工高技 13980
7 省科技 19737.5
8 电子信息 14910.5
9 工贸 2591
10 社会大学 1000
11 Excel 500
12 总计 82351
13

图 3-55　学校金额汇总

在用函数统计的时候，可以将SUM函数变成MAX函数、MIN函数和AVERAGE函数。在数据透视表中也有自己的一套快速更改的方法。

如图3-56所示，现在要做3种不同的统计，因此需要再拖2次“金额”到“值”区域，现在就有了3个金额汇总。数据透视表中的字段是允许多次使用的。

剪贴板
字体
D3
求和项:金额3
行标签 求和项:金额 求和项:金额2 求和项:金额3
舞蹈 13487 13487 13487
财经 16145 16145 16145
轻工高技 13980 13980 13980
省科技 19737.5 19737.5
电子信息 14910.5 14910.5 14910.5
工贸 2591 2591 2591
社会大学 1000 1000 1000
Excel 500 500 500
总计 82351 82351 82351
数据透视表字段
选择要添加到报表的字段:
在以下区域间拖动字段:
学校
日期
分类
名称
单位
数量
单价
金额
学校2
年
更多表格...
筛选器
列
Σ 数值
行
学校
Σ 值
求和项:金额
求和项:金额2
推迟布局更新
更新

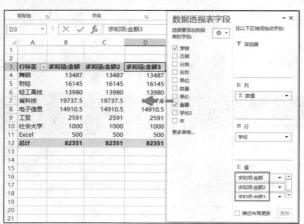

图 3-56　多次添加同一字段

如图3-57所示，关键时刻来了，选中第1个“求和项：金额”单元格，右击，在弹出的快捷菜单中选择“值汇总依据”→“最大值”命令。

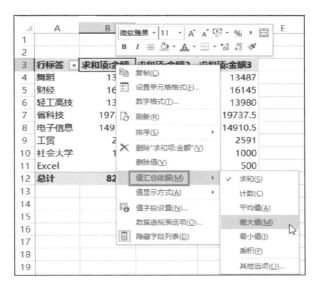

图 3-57 更改值汇总依据

如图3-58所示，金额就由原来的求和变成了最大值。

行标签	最大值项:金额	求和项:金额2	求和项:金额3
舞蹈	1776	13487	13487
财经	8850	16145	16145
轻工高技	3000	13980	13980
省科技	4600	19737.5	19737.5
电子信息	1170	14910.5	14910.5
工贸	1500	2591	2591
社会大学	500	1000	1000
Excel	500	500	500
总计	8850	82351	82351

图 3-58 最大金额

如图3-59所示，用同样的方法，依次更改值汇总依据为最小值和平均值，这样就完成了3种统计。

行标签	最大值项:金额	最小值项:金额2	平均值项:金额3
舞蹈	1776	4	232.5344828
财经	8850	2	538.1666667
轻工高技	3000	5	399.4285714
省科技	4600	5	493.4375
电子信息	1170	4.5	298.21
工贸	1500	26	370.1428571
社会大学	500	500	500
Excel	500	500	500
总计	8850	2	369.2869955

图 3-59　3 种统计

 3.4.2 获取每个学校的金额占总计的百分比

如图3-60所示，正常情况下，数据透视表都是对金额进行求和的，但有些时候会比较特殊，需要获取每个学校的金额占总计的百分比。

行标签	求和项:金额
舞蹈	13487
财经	16145
轻工高技	13980
省科技	19737.5
电子信息	14910.5
工贸	2591
社会大学	1000
Excel	500
总计	82351

图 3-60　学校金额汇总

如图3-61所示，再将"金额"拖到"值"区域，然后选中"求和项：金额2"单元格，右击，在弹出的快捷菜单中选择"值显示方式"→"总计的百分比"命令。

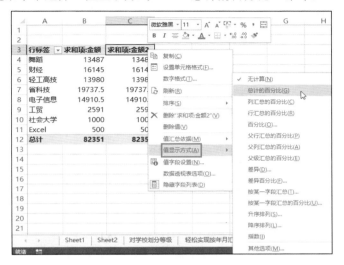

图 3-61　更改值显示方式

如图3-62所示，这样就得到了每个学校的金额占总计的百分比。

行标签	求和项:金额	求和项:金额2
舞蹈	13487	16.38%
财经	16145	19.61%
轻工高技	13980	16.98%
省科技	19737.5	23.97%
电子信息	14910.5	18.11%
工贸	2591	3.15%
社会大学	1000	1.21%
Excel	500	0.61%
总计	82351	100.00%

图 3-62　每个学校的金额占总计的百分比

3.4.3 获取每个分类占学校金额的百分比

如图3-63所示，增加了分类字段，这些分类是占总计的百分比，而不是占本身"学校"的百分比。现在要如何将每个分类设置为占本身"学校"的百分比？

行标签	求和项:金额	求和项:金额2
舞蹈	13487	16.38%
材料	13037	15.83%
人工	300	0.36%
运费	150	0.18%
财经	16145	19.61%
材料	16145	19.61%
轻工高技	13980	16.98%
材料	13980	16.98%
省科技	19737.5	23.97%
材料	19737.5	23.97%
电子信息	14910.5	18.11%
材料	14910.5	18.11%

图 3-63 增加了分类字段

如图3-64所示，选中"求和项：金额2"这一列中的任意单元格，右击，在弹出的快捷菜单中选择"值显示方式"→"父级汇总的百分比"命令。

图 3-64 选择"值显示方式"→"父级汇总的百分比"命令

86

如图3-65所示，在弹出的"值显示方式（求和项：金额2）"对话框中将"基本字段"设置为"学校"，单击"确定"按钮。

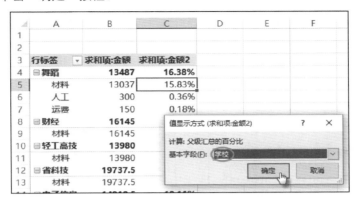

图 3-65　将"基本字段"设置为"学校"

如图3-66所示，这样就获取了每个分类占学校金额的百分比。

3	行标签	求和项:金额	求和项:金额2
4	⊟舞蹈	13487	100.00%
5	材料	13037	96.66%
6	人工	300	2.22%
7	运费	150	1.11%
8	⊟财经	16145	100.00%
9	材料	16145	100.00%
10	⊟轻工高技	13980	100.00%
11	材料	13980	100.00%
12	⊟省科技	19737.5	100.00%
13	材料	19737.5	100.00%
14	⊟电子信息	14910.5	100.00%
15	材料	14910.5	100.00%
16	⊟工贸	2591	100.00%
17	材料	341	13.16%
18	其他	600	23.16%
19	人工	1500	57.89%
20	运费	150	5.79%

图 3-66　分类汇总的百分比效果

Excel 透视表 跟卢子一起学

3.4.4 对每个学校的金额进行排名

如图3-67所示，现在要对每个学校的金额进行排名，也就是不需要分类，先将分类字段取消勾选。

如图3-68所示，选中"求和项：金额2"这一列中的任意单元格，右击，在弹出的快捷菜单中选择"值显示方式"→"降序排列"命令。

图 3-67 取消分类

图 3-68 选择"值显示方式"→"降序排列"命令

如图3-69所示，在弹出的"值显示方式（求和项：金额2）"对话框中，因为只有"学校"一个字段，直接保持默认不变，单击"确定"按钮。

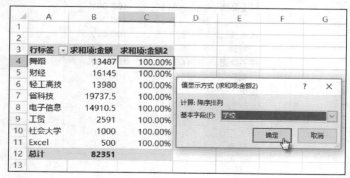

图 3-69 "基本字段"为"学校"

如图3-70所示，这样就得到了对每个学校的金额进行排名。

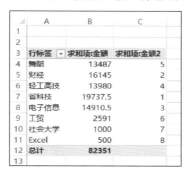

图 3-70　排名效果

降序排列得到的是从金额最大到最小的排名；升序排列得到的是从金额最小到最大的排名。

降序排列与降序是两个完全不同的功能，一定要区分开。

3.5　小结与练习

在数据透视表中，有一些操作与普通表格中的操作一样，比如，排序、筛选等，但是大部分还是不同的。使用数据透视表可以搞定很多需要复杂公式才能实现的功能，比如，组合、更改值的汇总方式、更改值的显示方式等，特别是在有多个行字段的情况下，公式更是望尘莫及。在数据透视表中，基本上简简单单的操作就可以达到意想不到的效果。

课后练习：

如图3-71所示是一份销售明细表。

	A	B	C	D	E	F	G	H	I
1	订单号	城市	销售额	渠道	日期	地址	下单时间	付款时间	状态
2	B0474	城市2	1571.96	聚效广告	2013-05-22	SARAH	2013-5-22 0:20		未付
3	B0897	城市12	1490.75	百度广告	2013-06-23	Vinita	2013-6-23 18:16		未付
4	B0660	城市2	1245.51	直接	2013-06-07	fatma	2013-6-7 17:38		未付
5	B0775	城市1	1243.62	直接	2013-06-14	Badriya	2013-6-14 20:33	2013-6-14 22:37	付款
6	B0362	城市2	1188.25	聚效广告	2013-05-13	shaimaa	2013-5-13 14:48	2013-5-14 17:56	付款
7	B0048	城市1	1130.31	百度广告	2013-04-16	Alan	2013-4-16 6:36	2013-4-16 6:44	付款
8	B0924	城市2	1090.43	直接	2013-06-26	fatma	2013-6-26 1:52	2013-6-26 1:58	付款
9	B0451	城市2	957.83	聚效广告	2013-05-20	Mama	2013-5-20 3:54	2013-5-20 14:24	付款
10	B0689	城市2	922.77	邮件	2013-06-09	fatma	2013-6-9 22:05	2013-6-9 22:10	付款
11	B0650	城市2	867.62	聚效广告	2013-06-06	shaimaa	2013-6-6 15:37	2013-6-6 16:14	付款
12	B0374	城市2	806.63	聚效广告	2013-05-14	sara	2013-5-14 6:10		付款
13	B0639	城市2	694.7	聚效广告	2013-06-05	farah	2013-6-5 19:46	2013-6-14 17:15	付款
14	B0543	城市4	662.65	搜狗	2013-05-28	faisal	2013-5-28 4:15	2013-5-28 4:20	付款
15	B0523	城市2	654.32	聚效广告	2013-05-26	rania	2013-5-26 2:40	2013-5-26 3:11	付款
16	B0655	城市2	651.45	直接	2013-06-07	Roqaia	2013-6-7 5:40	2013-6-14 22:40	付款

图 3-71　销售明细表

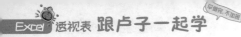

（1）如图3-72所示，根据销售明细表，获取城市1在每种渠道的销售额，并降序排序。

	A	B
1	城市	城市1
2		
3	行标签	求和项:销售额
4	百度广告	7546.8
5	聚效广告	3874.5
6	直接	3727.54
7	搜狗	2346.49
8	邮件	1184.27
9	推介	546.19
10	搜索	301.29
11	总计	19527.08
12		

　图 3-72　城市 1 各种渠道销售额降序排序

（2）如图3-73所示，根据销售明细表，获取每个城市每个月的销售额。

求和项:销售额	列标签			
行标签	4月	5月	6月	总计
城市1	3256.24	6889.64	9381.2	19527.08
城市2	2041.61	12220.93	15734.45	29996.99
城市4	739.8	1450.26	4028.87	6218.93
城市5	30.58	296.33	3637.18	3964.09
城市7	1259.71	1065.36	60.56	2385.63
城市8	1147.65	1524.49	927.78	3599.92
城市10	482.15	231.32	771.71	1485.18
城市12	223.26	1188.83	3008.09	4420.18
总计	9181	24867.16	37549.84	71598

　图 3-73　各城市每月销售额

（3）如图3-74所示，根据销售明细表，获取付款和未付的销售额以及占比。

行标签	求和项:销售额	求和项:销售额2
付款	42305.26	59.09%
未付	29292.74	40.91%
总计	71598	100.00%

　图 3-74　付款和未付的销售额以及占比

第4章
让数据透视表更美观

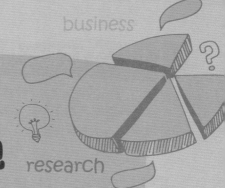

成绩得到60分跟成绩得到90分虽然都能及格能过关，但实际差距还是非常大的。有这么一句话：细节决定成败！我们前面所做的数据透视表只能算60分，还有非常多可以改进的地方，稍加改变，数据透视表会更加美观。

4.1 突破默认设置

默认的含义就是说这样做就可以及格，能够将就用，但一份优秀的作品可以从很多细节上进行完善，从而突破默认。从0到1很难，但踏出第一步以后就会变得很容易。

4.1.1 让名称更容易理解

如图4-1所示，对每个学校的金额进行排名，这是默认情况下的样子。自己使用的情况下知道是什么内容，但外人还真看不出来，因为字段名不够准确。如果将"求和项：金额2"写成"排名"，是不是更清楚？我们可以在单元格内修改标题，同样也可以直接修改数据透视表的字段名。

如图4-2所示，单击"求和项：金额2"所在单元格，在编辑栏内输入"排名"，回车即可。

	A	B	C
1		字段名不够准确	
2			
3	行标签	求和项:金额	求和项:金额2
4	舞蹈	13487	5
5	财经	16145	2
6	轻工高技	13980	4
7	省科技	19737.5	1
8	电子信息	14910.5	3
9	工贸	2591	6
10	社会大学	1000	7
11	Excel	500	8
12	总计	82351	
13			

 C3　｜　✕　✓　fx　排名

	A	B	C
1			
2			
3	行标签	求和项:金额	排名
4	舞蹈	13487	5
5	财经	16145	2
6	轻工高技	13980	4
7	省科技	19737.5	1
8	电子信息	14910.5	3
9	工贸	2591	6
10	社会大学	1000	7
11	Excel	500	8
12	总计	82351	
13			

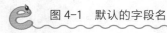 图4-1 默认的字段名

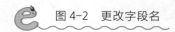 图4-2 更改字段名

如图4-3所示，单击"求和项：金额"所在单元格，在编辑栏中删除"求和项："，回车就提示出错，怎么回事呢？

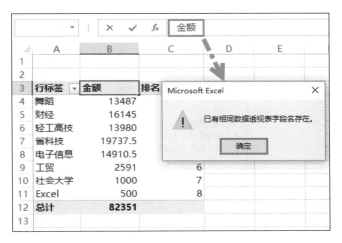

图 4-3　出错警告

　　因为在"值"区域的字段名是不允许跟以前的字段名一模一样的，而"行"区域的字段名是可以的。针对这种情况有一个小技巧，就是在字段名前面输入一个空格，这样我们肉眼很难看出来，但Excel就能够自动识别出两个字段名内容不同，如图4-4所示。

图 4-4　输入一个空格

最后再修改行字段的名称，调整列宽，效果如图4-5所示。

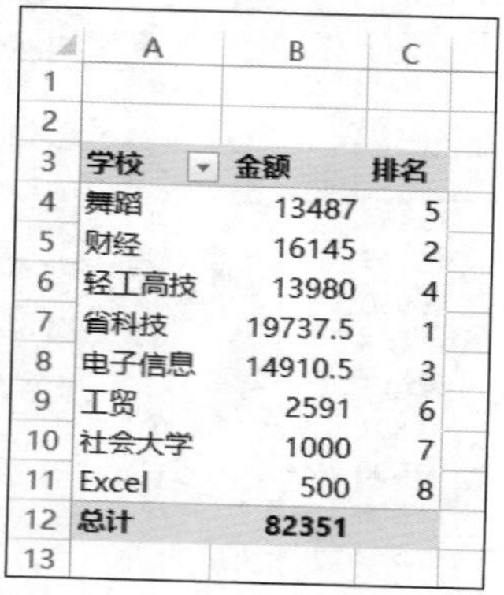

学校 ▼	金额	排名
舞蹈	13487	5
财经	16145	2
轻工高技	13980	4
省科技	19737.5	1
电子信息	14910.5	3
工贸	2591	6
社会大学	1000	7
Excel	500	8
总计	82351	

图 4-5　修改字段名后效果

经过简单的改名设置，是不是更容易解读这个数据透视表了？

数据透视表在刷新的时候，列宽都会自动调整。假设设置以后不想让列宽改变，可以对数据透视表进行以下设置。

选择数据透视表中的任意单元格，右击，在弹出的快捷菜单中选择"数据透视表选项"命令，如图4-6所示。

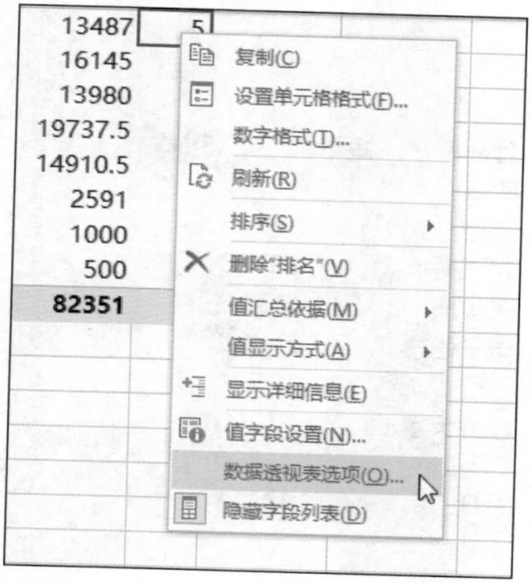

图 4-6　选择"数据透视表选项"命令

取消勾选"更新时自动调整列宽"复选框，单击"确定"按钮，如图4-7所示。

图 4-7　取消勾选"更新时自动调整列宽"复选框

4.1.2　设置单元格格式

如果你是做财务的，你会对这样的金额显示不满意，需要再设置为统一小数点后两位小数，这个跟我们平常设置单元格格式差不多。

如图4-8所示，选择"金额"列中的数字单元格，右击，在弹出的快捷菜单中选择"数字格式"命令。

图 4-8　数字格式

如图4-9所示，弹出"设置单元格格式"对话框，在"分类"列表框中选择"会计专用"，设置"货币符号（国家/地区）为"无"，单击"确定"按钮。

如图4-10所示，效果就出来了，感觉会不会更好？

 图 4-9　无单位的会计格式　　　　 图 4-10　会计格式效果

4.2　个性化装扮

每个人的审美观都不一样，这就会造成一千个人会有一千种打扮，而适合自己的打扮才是最好的。

 ### 4.2.1　借助数据透视表样式一键换"新妆"

对于数据透视表的默认样式，可能有些人不喜欢，这也是人之常情。不过没关系，数据透视表样式库提供了多种样式供你选用。

如图4-11所示，单击"设计"选项卡，可以看到系统提供了非常多的样式。将鼠标指针放在样式上，数据透视表就会改变样式。这么多款，总能选到一款适合你的。

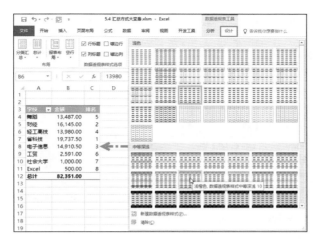

图 4-11　数据透视表样式

4.2.2　直观的数据条

在使用数据透视表对金额进行汇总后，直接查看还是不太直观。如果这时采用图表显示会更好，正所谓文不如图。通常我们要以图来显示都是采用插入图表的方式实现的，其实还可以借助数据条在单元格内显示，而且还小巧玲珑，非常直观。

如图4-12所示，选择"金额"列中的任意单元格，选择"条件格式"→"数据条"→"实心填充"→"数据条"命令。当然，也可以选择自己喜欢的数据条格式。

图 4-12　数据条

如图 4-13所示，这时会出现"将格式规则应用于"对话框，默认就是对所选单元格设置数据条。

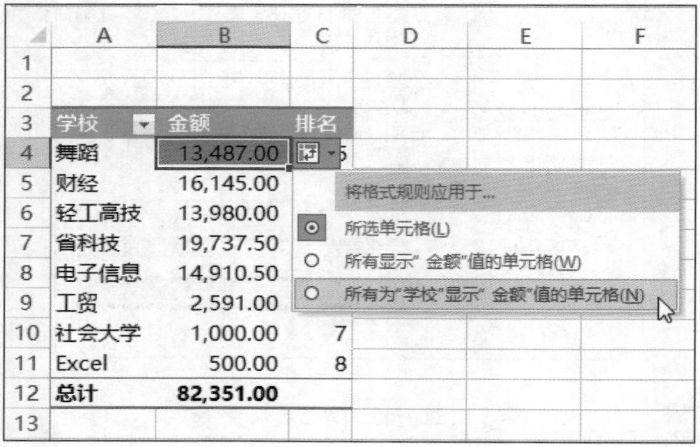

图 4-13 "将格式规则应用于"对话框

如图4-14所示，这时可以选择第③种——没有包含"总计"的单元格或第②种——包含了"总计"的对单元格进行设置数据条。

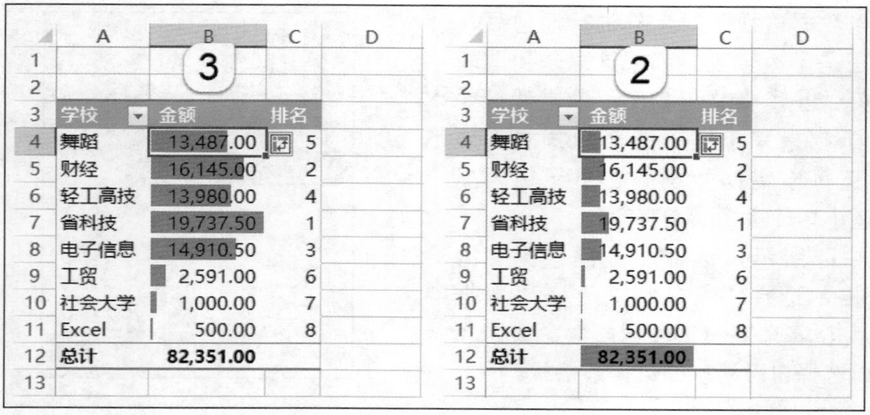

图 4-14 不包含"总计"与包含"总计"对比

这个按自己的需求来，一般笔者都是采用没有包含"总计"的。

如图4-15所示,将数据透视表的单元格拉长,数据条也会随之改变,非常智能。

图 4-15 将单元格列宽拉长

数据条其实就相当于条形图,借助条件格式无须再创建一个图表。

 **4.2.3 漂亮、好用的迷你图**

当然,条件格式中还有很多实用的功能,这个要靠自己多动手操作。

本来个性化装扮到此就结束了,不过偏偏遇到了一种非常特殊的情况——数据经过汇总后还有2000多个项目,还要针对这些项目6~11月的数据制作图表。这是一个特殊行业的网友提出的特殊要求,如图4-16所示。世界大了,无奇不有。

	求和项:交易金额	月份					
	商户名称	6	7	8	9	10	11
1991	正定县永郡办公耗材经销部	0	0	0	0	17138	18121
1992	正定县优感服装店	0	0	73100	219760	130680	124750
1993	正定县元豪饰品店	0	0	0	0	81207	141646
1994	正定县远东电器商行	0	0	0	70790	155682	177520
1995	正定县远航日化店	0	0	0	45951	0	20000
1996	正定县云超不锈钢加工部	0	0	0.01	166568	181490	71825
1997	正定县珍珍超市	0	0	8000	41090	59500	53038
1998	正定县振阳不锈钢制品经销处	0	0	0	84790	165730	154280
1999	正定县正大玻璃商场	0	0	1.01	38308	55057	81758
2000	正定县正东加油站	0	0	0	0	2871	0
2001	正定县正康加油站	0	0	0	0.01	111500	9500
2002	正定县正龙电器商行	0	0	95472	121022	200894	147681
2003	正定县正兴建材厂	0	0	0	0	0	189025
2004	正定县志杰五金配件商行	0	0	32800	33100	0.11	0
2005	正定县中茂眼镜店	0	0	0	0.1	19500	4600
2006	正定县卓辉超市	35714	347935	89113	1186.3	3191.3	1658.5
2007	正定县紫澜美容会所						

图 4-16 特殊的数据透视表

针对这种情况，不管用什么图表都不合适。正常情况下无法处理，没救了。

不过天无绝人之路，微软在高版本的Excel中提供了一项名为"迷你图"的功能。迷你图天生就是为了这种特殊情况而存在的。

如图4-17所示，选择数据透视表右边的第1个单元格，单击"插入"→"迷你图"→"折线图"命令，选择数据范围，单击"确定"按钮。

图 4-17　插入迷你图

如图4-18所示，勾选"高点"和"低点"复选框，这样就会对高低点进行显示。

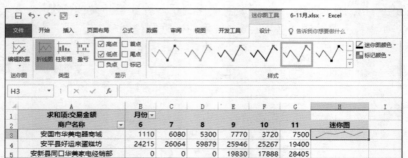

图 4-18　设置高低点

如图4-19所示，要将迷你图应用到所有单元格中不能直接双击填充，因为迷你图不是公式，需要下拉才能生成所有迷你图，记住这一点。

求和项:交易金额	月份						
商户名称	6	7	8	9	10	11	迷你图
2011 中国电信集团公司沧州市分公司荣盛购物广场营业厅	0	0	13300	2350	0	0	
2012 中国电信集团公司行唐县分公司	0	0	156713	377988	137206	0	
2013 中国电信集团公司行唐县分公司章武路营业厅	0	0	3898	45966	13629	52851	
2014 中国电信集团公司黄骅市分公司信誉楼大街营业厅	0	0	0	4769	45712	21578	
2015 中国体育彩票	0	0	0	0	650	2460	
2016 中国移动通信集团终端有限公司沧州市黄骅渤海中路营业厅	0	0	0	0	0	0	
2017 中国移动通信集团终端有限公司沧州盐山营业厅	0	0	6939.4	7383	0	9850	
2018 涿州侯佳超市	0	0	0	0	0	16818	
2019 涿州市佳乐食品批发部	0	0	0	0	0	0.01	
2020 涿州市建华加油站	0	0	0	0	0	226579	
2021 涿州市王影超市	0	0	0	0	0	201.02	

图 4-19　下拉生成所有迷你图

如图4-20所示，可能有些人会觉得用柱形图更合适，直接单击"柱形图"就可以快速改变。

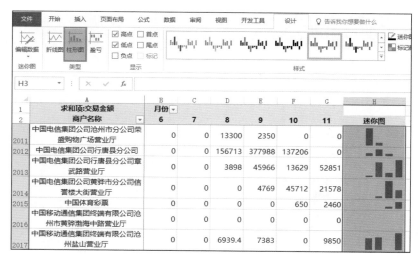

图 4-20　更换类型

如图4-21所示，假如对默认的样式不满意，也可以换成其他样式，迷你图提供了非常多的样式。

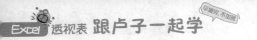

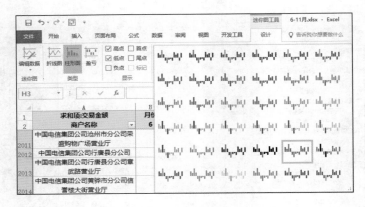

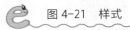
图 4-21　样式

有人说过这么一句话：只有你想不到，没有我们做不到。Excel就是这样，它在不断地更新换代，会出现很多让你想象不到的功能。

4.3　人性化布局

数据透视表的默认布局怎么看怎么不舒服，跟我们实际做的表还是存在一定的差异。如果要按原来制作的表格的样式显示，可以将内容以表格的形式显示并合并居中，并取消那个折叠按钮，如图4-22所示。

	A	B	C	D	E	F
1						
2						
3	学校	金额		学校	分类	金额
4	舞蹈	13487			材料	13037
5	材料	13037		舞蹈	人工	300
6	人工	300			运费	150
7	运费	150		舞蹈 汇总		13487
8	财经	16145		财经	材料	16145
9	材料	16145		财经 汇总		16145
10	轻工高技	13980		轻工高技	材料	13980
11	材料	13980		轻工高技 汇总		13980
12	省科技	19737.5		省科技	材料	19737.5
13	材料	19737.5		省科技 汇总		19737.5
14	电子信息	14910.5		电子信息	材料	14910.5
15	材料	14910.5		电子信息 汇总		14910.5

图 4-22　合并单元格

还有一种就是重复显示内容并且把那些分类汇总取消掉，如图 4-23所示。

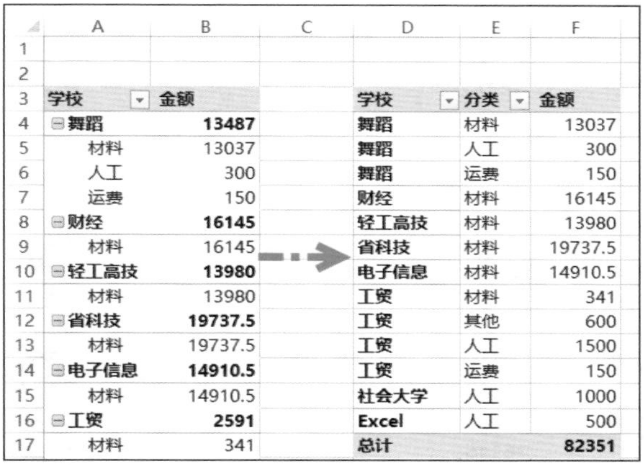

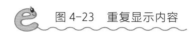

	A	B	C	D	E	F
1						
2						
3	学校	金额		学校	分类	金额
4	⊟舞蹈	13487		舞蹈	材料	13037
5	材料	13037		舞蹈	人工	300
6	人工	300		舞蹈	运费	150
7	运费	150		财经	材料	16145
8	⊟财经	16145		轻工高技	材料	13980
9	材料	16145		省科技	材料	19737.5
10	⊟轻工高技	13980		电子信息	材料	14910.5
11	材料	13980		工贸	材料	341
12	⊟省科技	19737.5		工贸	其他	600
13	材料	19737.5		工贸	人工	1500
14	⊟电子信息	14910.5		工贸	运费	150
15	材料	14910.5		社会大学	人工	1000
16	⊟工贸	2591		Excel	人工	500
17	材料	341		总计		82351

图 4-23 重复显示内容

4.3.1 将学校合并单元格显示

默认表格布局是以压缩形式显示的，这种布局笔者几乎不用，不喜欢用这种。

Step 01 如图4-24所示，在“设计”选项卡中单击“报表布局”下拉按钮，在弹出的下拉列表中选择“以表格形式显示”命令。

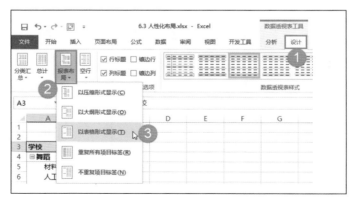

图 4-24 选择“以表格形式显示”命令

如图4-25所示，设置完成后就跟在单元格中录入内容的效果一样，显示在两列，看起来比较清晰。

在数据源中笔者很反感使用合并单元格，但在数据透视表中提倡合并单元格。因为数据透视表的合并单元格不会对数据源造成任何影响，而数据源合并单元格会造成一系列的麻烦。

➡️Step 02 如图4-26所示，选择数据透视表中的任意单元格，右击，在弹出的快捷菜单中选择"数据透视表选项"命令。

	A	B	C
1			
2			
3	学校	分类	金额
4	舞蹈	材料	13037
5		人工	300
6		运费	150
7	舞蹈 汇总		13487
8	财经	材料	16145
9	财经 汇总		16145
10	轻工高技	材料	13980
11	轻工高技 汇总		13980
12	省科技	材料	19737.5
13	省科技 汇总		19737.5
14	电子信息	材料	14910.5
15	电子信息 汇总		14910.5

图 4-25　与在单元格中录入内容的效果一样　　　　图 4-26　选择"数据透视表选项"命令

➡️Step 03 如图4-27所示，在弹出的"数据透视表选项"对话框中勾选"合并且居中排列带标签的单元格"复选框，单击"确定"按钮。

图 4-27　勾选"合并且居中排列带标签的单元格"复选框

➡️Step 04 如图4-28所示，本来到这一步就非常清晰了，不过作为处女座，总觉得那个折叠按钮在那里看着别扭。切换到"分析"选项卡，单击"显示"→"+/-按钮"按钮，这样就取消了按钮显示。

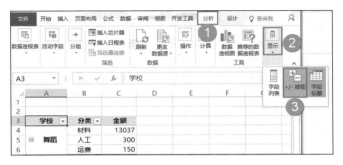

图 4-28　取消折叠按钮

如图4-29所示，这样看起来是不是顺眼多了？

	A	B	C
1			
2			
3	学校 ▾	分类 ▾	金额
4		材料	13037
5	舞蹈	人工	300
6		运费	150
7	舞蹈 汇总		13487
8	财经	材料	16145
9	财经 汇总		16145
10	轻工高技	材料	13980
11	轻工高技 汇总		13980
12	省科技	材料	19737.5
13	省科技 汇总		19737.5

图 4-29　最终效果

4.3.2 将学校重复显示并去除分类汇总

"萝卜青菜各有所爱",每个人对布局的理解都不一样,喜欢的形式也不一样。

⮕Step 01 选择数据透视表中的任意单元格,右击,在弹出的快捷菜单中选择"数据透视表选项"命令。在弹出的如图4-30所示"数据透视表选项"对话框中取消勾选"合并且居中排列带标签的单元格"复选框,单击"确定"按钮,重新设置回没有合并单元格的布局。

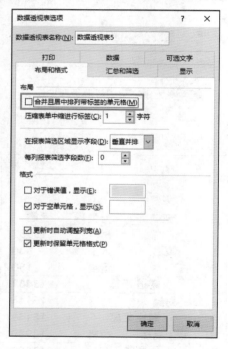

图 4-30 取消勾选"合并且居中排列带标签的单元格"复选框

⮕Step 02 如图4-31所示,在"设计"选项卡中单击"报表布局"下拉按钮,在弹出的下拉列表中选择"重复所有项目标签"命令。

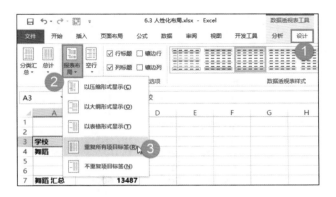

图 4-31　选择"重复所有项目标签"命令

➡Step 03 如图4-32所示，单击"分类汇总"下拉按钮，在弹出的下拉列表中选择"不显示分类汇总"命令。

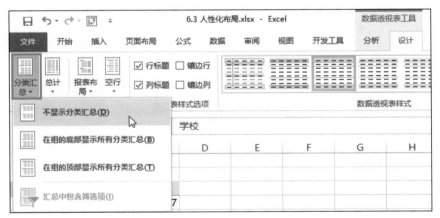

图 4-32　选择"不显示分类汇总"命令

经过上面3个步骤就完成了布局切换，如图4-33所示。

	A	B	C
1			
2			
3	学校 ▼	分类 ▼	金额
4	舞蹈	材料	13037
5	舞蹈	人工	300
6	舞蹈	运费	150
7	财经	材料	16145
8	轻工高技	材料	13980
9	省科技	材料	19737.5
10	电子信息	材料	14910.5
11	工贸	材料	341
12	工贸	其他	600
13	工贸	人工	1500
14	工贸	运费	150
15	社会大学	人工	1000
16	Excel	人工	500
17	总计		82351
18			

图 4-33　最终效果

知识扩展：

当然，如果感觉还是有一个分类汇总更好点，也可以重新添加上。选择"学校"所在单元格，右击，在弹出的快捷菜单中选择"分类汇总'学校'"命令即可，如图4-34所示。

图 4-34　选择"分类汇总'学校'"命令

4.4　小结与练习

数据透视表提供的功能真的很完善，你需要的各种样式、布局都有，还能结合一些单元格设置功能。通过这些，你可以打造属于自己的数据透视表，使数据透视表更美观。

课后练习：

如图4-35所示，这是一份销售明细表。

	A	B	C	D	E	F	G	H	I
1	订单号	城市	销售额	渠道	日期	地址	下单时间	付款时间	状态
2	B0474	城市2	1571.96	聚效广告	2013-05-22	SARAH	2013-5-22 0:20		未付
3	B0897	城市12	1490.75	百度广告	2013-06-23	Vinita	2013-6-23 18:16		未付
4	B0660	城市2	1245.51	直接	2013-06-07	fatma	2013-6-7 17:38		未付
5	B0775	城市1	1243.62	直接	2013-06-14	Badriya	2013-6-14 20:33	2013-6-14 22:37	付款
6	B0362	城市2	1188.25	聚效广告	2013-05-13	shaimaa	2013-5-13 14:48	2013-5-14 17:56	付款
7	B0048	城市1	1130.31	百度广告	2013-04-16	Alan	2013-4-16 6:36	2013-4-16 6:44	付款
8	B0924	城市2	1090.43	直接	2013-06-26	fatma	2013-6-26 1:52	2013-6-26 1:58	付款
9	B0451	城市2	957.83	聚效广告	2013-05-20	Mama	2013-5-20 3:54	2013-5-20 14:24	付款
10	B0689	城市2	922.77	邮件	2013-06-09	fatma	2013-6-9 22:05	2013-6-9 22:10	付款
11	B0650	城市2	867.62	聚效广告	2013-06-06	shaimaa	2013-6-6 15:37	2013-6-6 16:14	付款
12	B0374	城市2	806.63	聚效广告	2013-05-14	sara	2013-5-14 6:10		未付
13	B0639	城市2	694.7	聚效广告	2013-06-05	farah	2013-6-5 19:46	2013-6-14 17:15	付款
14	B0543	城市4	662.65	搜狗	2013-05-28	faisal	2013-5-28 4:15	2013-5-28 4:20	付款
15	B0523	城市2	654.32	聚效广告	2013-05-26	rania	2013-5-26 2:40	2013-5-26 3:11	付款
16	B0655	城市2	651.45	直接	2013-06-07	Roqaia	2013-6-7 5:40	2013-6-14 22:40	付款

图 4-35　销售明细表

（1）如图4-36所示，根据销售明细表，获取每种渠道的销售额并美化。

（2）如图4-37所示，根据销售明细表，用条件格式突出销售额前2名。

渠道	销售额
百度广告	19,459.52
聚效广告	23,781.46
搜狗	8,331.16
搜索	1,675.77
推介	1,973.06
邮件	2,396.37
直接	13,980.66
总计	**71,598.00**

图 4-36　获取每种渠道的销售额并美化

渠道	销售额
百度广告	19,459.52
聚效广告	23,781.46
搜狗	8,331.16
搜索	1,675.77
推介	1,973.06
邮件	2,396.37
直接	13,980.66
总计	71,598.00

图 4-37　用条件格式突出销售额前 2 名

（3）如图4-38所示，根据销售明细表，获取每个城市渠道的销售额并进行布局设置。

城市	渠道	销售额
城市1	百度广告	7,546.80
城市1	聚效广告	3,874.50
城市1	搜狗	2,346.49
城市1	搜索	301.29
城市1	推介	546.19
城市1	邮件	1,184.27
城市1	直接	3,727.54
城市1 汇总		19,527.08
城市10	百度广告	646.33
城市10	聚效广告	274.68
城市10	搜狗	438.99
城市10	搜索	36.83
城市10	直接	88.35
城市10 汇总		1,485.18

图 4-38　获取每个城市渠道的销售额并进行布局设置

第5章

数据透视表原来可以更强大

business

research

前面的知识学完，基本上的工作都可以完成。在此基础上，如果适当的借助一些外部工具，数据透视表会变得更加强大。如借助旧版本的数据透视表向导，又比如，结合公式、SQL，通过这些，你会看到数据透视表的另一片天地。

-Microsoft
OFFICE
-Excel

透视表 跟卢子一起学

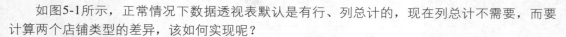

5.1 执行计算

在表格中可以设置公式进行计算，在数据透视表中也同样可以设置公式进行计算。不过数据透视表中能使用的函数很少，只能执行简单的计算，有很多函数都不支持。

5.1.1 利用公式在数据透视表外计算出现的一系列问题

如图5-1所示，正常情况下数据透视表默认是有行、列总计的，现在列总计不需要，而要计算两个店铺类型的差异，该如何实现呢？

求和项:数量	店铺类型 ▼		
评论日期 ▼	商家	自营	总计
2016-12-8	44990	55072	100062
2016-12-9	68665	53223	121888
2016-12-10	43094	59579	102673
2016-12-11	43183	71507	114690
2016-12-12	44518	78177	122695
2016-12-13	33222	69740	102962
2016-12-14	29776	66365	96141
总计	307448	453663	761111

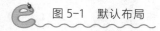

图 5-1 默认布局

我们的第一想法就是将"总计"删除，然后用一个辅助列进行计算。现在就按这种想法尝试一下看看是否行得通。

➡ Step 01 如图5-2所示，单击"总计"所在单元格，右击，在弹出的快捷菜单中选择"删除总计"命令。

112

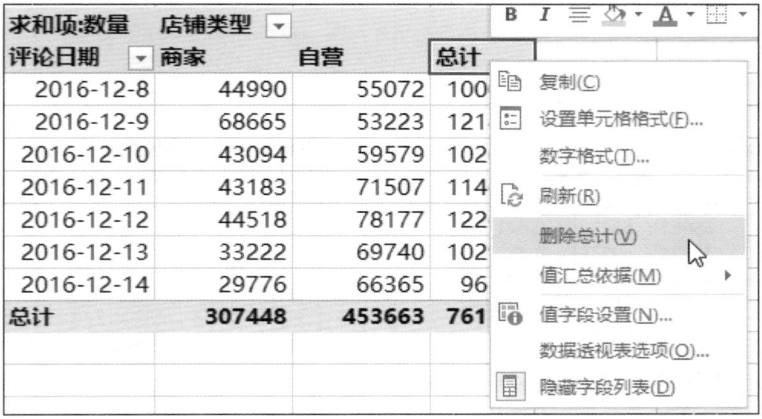

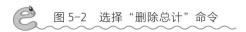

求和项:数量 店铺类型
评论日期 商家 自营 总计
2016-12-8 44990 55072 100
2016-12-9 68665 53223 121
2016-12-10 43094 59579 102
2016-12-11 43183 71507 114
2016-12-12 44518 78177 122
2016-12-13 33222 69740 102
2016-12-14 29776 66365 96
总计 307448 453663 761
复制(C)
设置单元格格式(F)...
数字格式(T)...
刷新(R)
删除总计(V)
值汇总依据(M)
值字段设置(N)...
数据透视表选项(O)...
隐藏字段列表(D)

图 5-2 选择“删除总计”命令

Step 02 如图5-3所示，删除了“总计”后，通常我们引用单元格都是用鼠标引用的，可是单击C5这个单元格，出来了这么长的一个公式，怎么回事啊？

C5
=GETPIVOTDATA("数量",$A$3,"评论日期",DATE(2016,12,8),"店铺类型","自营")
怎么回事
求和项:数量 店铺类型
评论日期 商家 自营 差异
2016-12-8 44990 55072 =GETPIVOTDATA("数量",$A$3,"评论日期",DATE(2016,12,8),"店铺类型","自营")
2016-12-9 68665 53223
2016-12-10 43094 59579

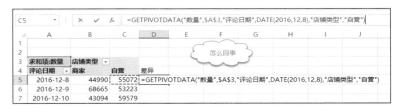

图 5-3 出现一个很长的公式

GETPIVOTDATA属于数据透视表函数，只要直接用鼠标引用就会出现这个函数。为了避免这种情况的发生，我们可以采用手动的方法输入公式。

Step 03 删除原来的公式，输入下面的公式，并下拉填充公式，如图5-4所示。

```
=C5-B5
```

Step 04 如图5-5所示，对“评论日期”进行筛选，筛选完成后会导致一些没数据的地方显示“0”，因为公式没法随着数据透视表的改变而改变。当然，这个影响也不是很大，只是看起来不美观而已。

D5	:	×	✓	fx	=C5-B5

▲	A	B	C	D	E
1					
2					
3	求和项:数量	店铺类型 ▼			
4	评论日期 ▼	商家	自营	差异	
5	2016-12-8	44990	55072	10082	
6	2016-12-9	68665	53223	-15442	
7	2016-12-10	43094	59579	16485	
8	2016-12-11	43183	71507	28324	
9	2016-12-12	44518	78177	33659	
10	2016-12-13	33222	69740	36518	
11	2016-12-14	29776	66365	36589	
12	总计	307448	453663	146215	
13					

图 5-4 差异统计

▲	A	B	C	D
1				
2				
3	求和项:数量	店铺类型 ▼		
4	评论日期 ▼⑅	商家	自营	差异
5	2016-12-8	44990	55072	10082
6	2016-12-10	43094	59579	16485
7	2016-12-11	43183	71507	28324
8	2016-12-13	33222	69740	36518
9	2016-12-14	29776	66365	36589
10	总计	194265	322263	127998
11				0
12				0

图 5-5 筛选后出现问题

➡️Step 05 如图5-6所示，一旦往数据透视表添加字段，就会出现表格中有数据被替换的警告对话框。

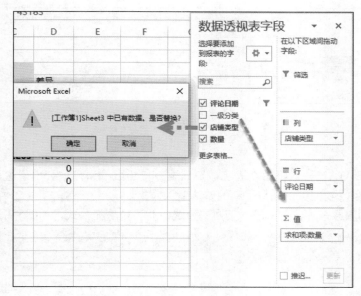

图 5-6 添加字段警告对话框

只有在布局全部固定后，才能在数据透视表外添加公式；一旦有变动，就不能这样操作。那有没有更加智能的计算，能够随着数据透视表的改变而自动改变？其实有的，在数据透视表中还可以使用一些简单的计算，通过添加计算字段或项目和集，使计算更智能化、简单化。

 ## 5.1.2 利用计算项获取差异和占比

➡Step 01 如图5-7所示，将原来的辅助列删除后再重新设置。切换到"分析"选项卡，单击"字段、项目和集"下拉按钮，在弹出的下拉列表中选择"插入计算项"命令。

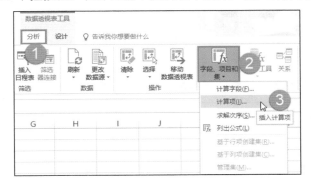

图 5-7 选择"插入计算项"命令

➡Step 02 如图5-8所示，弹出"在'店铺类型'中插入计算字段"对话框，在"名称"列表框中输入"差异"，"公式"列表框中输入下面的公式，单击"确定"按钮。

=自营-商家

➡Step 03 如图5-9所示，添加了公式以后，就新增了一个"差异"字段。

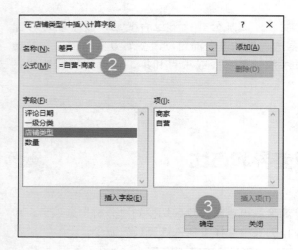

图 5-8 "在 '店铺类型' 中插入计算字段" 对话框

	A	B	C	D
1				
2				
3	求和项:数量	店铺类型 ▼		
4	评论日期 ▾	商家	自营	差异
5	2016-12-8	44990	55072	10082
6	2016-12-10	43094	59579	16485
7	2016-12-11	43183	71507	28324
8	2016-12-13	33222	69740	36518
9	2016-12-14	29776	66365	36589
10	总计	194265	322263	127998
11				

图 5-9 插入后效果

➡ Step 04 如图5-10所示，这样即使添加了新字段，也能随之改变。

	A	B	C	D	E
1					
2					
3	求和项:数量		店铺类型 ▼		
4	评论日期 ▾	一级分类 ▼	商家	自营	差异
5	⊟ 2016-12-8	保健滋补/成人计生	2652	680	-1972
6		厨卫清洁	603	9232	8629
7		电脑/外设/办公用品	335	644	309
8		二手品			0
9		服装鞋帽	10497	4	-10493
10		家居	4616	1890	-2726
11		进口食品	2480	9718	7238
12		酒水饮料/冲饮/乳品	2420	5391	2971

图 5-10 添加字段后效果

➡Step 05 如图5-11所示，用同样的方法，再添加"占比"这个字段。

=商家/自营

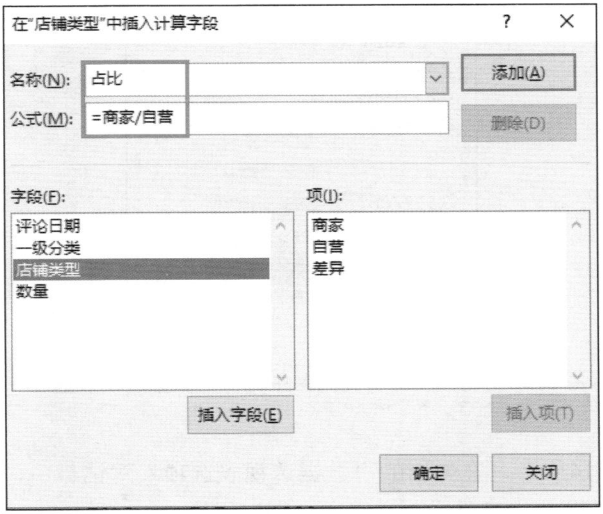

图 5-11　占比

如图5-12所示，这样两种形式的计算就完成了，但有点儿美中不足，一是数据透视表中存在错误值；二是没有进行设置百分比格式。

	A	B	C	D	E	F
1						
2						
3	求和项:数量		店铺类型 ▼			
4	评论日期 ▼	一级分类 ▼	商家	自营	差异	占比
5	⊟2016-12-8	保健滋补/成人计生	2652	680	-1972	3.9
6		厨卫清洁	603	9232	8629	0.065316291
7		电脑/外设/办公用品	335	644	309	0.520186335
8		二手品			0	#DIV/0!
9		服装鞋帽	10497	4	-10493	2624.25
10		家居	4616	1890	-2726	2.442328042
11		进口食品	2480	9718	7238	0.255196542
12		酒水饮料/冲饮/乳品	2420	5391	2971	0.448896309

图 5-12　占比效果

➡️Step 06 如图5-13所示，右击，在弹出的快捷菜单中选择"数据透视表选项"命令。

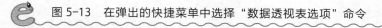

图 5-13　在弹出的快捷菜单中选择"数据透视表选项"命令

➡️Step 07 如图5-14所示，在弹出的"数据透视表选项"对话框中勾选"对于错误值，显示"复选框，在右侧的文本框中什么都不输入，即显示空白。

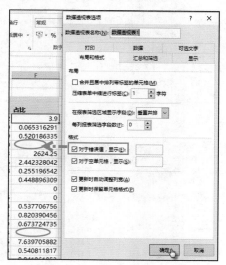

图 5-14　错误值显示空白

➡️Step 08 如图5-15所示，单击"占比"单元格，右击，在弹出的快捷菜单中选择"设置单元格格式"命令。

图 5-15　设置单元格格式

➡️Step 09 如图5-16所示，在弹出的"设置单元格格式"对话框中设置"分类"为"百分比"，"小数位数"为0，单击"确定"按钮。

图 5-16　设置百分比小数位数为 0

经过前面9个步骤的设置就完成了最终效果，如图5-17所示。

图 5-17 最终效果

 **5.1.3 利用计算字段获取差异**

与计算项很像的一个功能就是计算字段，一维表的差异用计算项，二维表的差异就用计算字段。

那么什么是二维表和一维表？

如图5-18所示，在左边的二维表中，金额491对应产品A与4月1日；在右边的一维表中，491对应金额，4月1日对应日期，A对应产品。也就是说，一维表中每个数据都只有一个对应值，而二维表中每个数据有两个对应值。

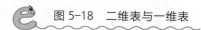

图 5-18 二维表与一维表

⇨Step 01 如图5-19所示，根据二维的数据源创建数据透视表，并对数据透视表进行一些前期的设置。

图 5-19 二维的数据源创建数据透视表

⇨Step 02 如图5-20所示，切换到"分析"选项卡，单击"字段、项目和集"下拉按钮，在弹出的下拉列表中选择"计算字段"命令。

图 5-20 选择"计算字段"命令

⇨Step 03 如图5-21所示，弹出"插入计算字段"对话框，在"名称"列表框中输入"差异"，在"公式"列表框中输入下面的公式，单击"确定"按钮。这个公式跟前面的公式略有差异，就是名字前面都有一个空格，因为数据透视表重命名的时候加了一个空格。

=自营- 商家

⇨ Step 04 如图5-22所示，再对字段进行重命名，即可完成最终效果。

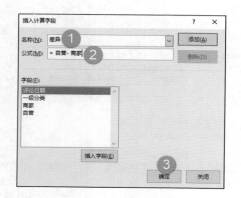

图 5-21　"插入计算字段"对话框

评论日期	商家	自营	差异
2016-12-8	44990	55072	10082
2016-12-9	68665	53223	-15442
2016-12-10	43094	59579	16485
2016-12-11	43183	71507	28324
2016-12-12	44518	78177	33659
2016-12-13	33222	69740	36518
2016-12-14	29776	66365	36589
总计	307448	453663	146215

图 5-22　字段重命名后效果

5.2　借助公式将不可能变成可能

在数据透视表外使用公式会出现诸多问题，但在数据源中使用公式却能千变万化，将不可能转变成可能。

5.2.1 统计每个人的项目加班时间占比

如图5-23所示，是一份加班明细表，因为记录得过于详细，导致要统计每个人的加班时间占比很困难，不能借助于自动组合来完成。

为此，只能退而求其次，采用了手动统计，效果如图5-24所示。

	A	B	C
1	姓名	加班原因	实际时长
2	曾文婷	变更培训梳理	2
3	曾文婷	变更培训梳理	11
4	曾文婷	6楼万级、十万级1、2车间生物安全柜验证	8
5	曾文婷	6楼车间洁具、器具灭菌柜验证，6楼十万级	8
6	曾文婷	发光监控SOP梳理，6楼十万级1车间动态	5
7	曾文婷	化学发光底物、CA50主校准品分装过程控制	8
8	曾文婷	AFP试剂盒分装过程控制	3
9	曾文婷	anti-HBS试剂盒分装过程控制	2
10	曾文婷	CE产品组装过程控制	8
11	曾文婷	S-CAg试剂盒生产过程控制，6楼万级、十	8
12	曾文婷	4楼十万级车间消毒效果报告填写、清洗液	8
13	曾文婷	运输验证	3
14	曾文婷	运输验证	3

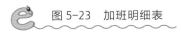

图 5-23 加班明细表

	A	B	C
1	姓名	项目	占比
2	曾文婷	验证	45.54%
3		培训	8.92%
4		环境检测	16.24%
5		过程控制	34.71%
6	李承艳	验证	41.27%
7		水检验	13.49%
8		过程监控	45.24%
9	唐萍	验证	53.51%
10		监控	5.95%
11		环境监测	21.08%
12		文件	12.97%
13		其他	6.49%

图 5-24 汇总效果

先不论统计的结果是否正确，光这个行动就得批评。虽然加班原因太详细，没法直接转变成项目，但是可以间接转换啊。在工作中我们提倡团队合作，在Excel中也一样，数据透视表一个功能搞不定，那就借助于函数，借助于VBA，总有一个能派上用场的。

⇨Step 01 如图5-25所示，建立一个所有项目明细的表格。

◢	A	
1	**项目**	
2	验证	
3	培训	
4	环境检测	
5	过程控制	
6	水检验	
7	过程监控	
8	监控	
9	环境监测	
10	文件	
11	其他	
12	文件管理	
13	生产监控	
14	协助qc完成资料	
15	监控及其他	
16		

图 5-25　项目明细

➡Step 02 如图5-26所示，在加班明细表中建立一个"项目"辅助列，输入下面的公式。

=LOOKUP(1,0/FIND(项目明细!$A$2:$A$15,B2),项目明细!$A$2:$A$15)

D2		▼ : × ✓ *fx*	=LOOKUP(1,0/FIND(项目明细!$A$2:$A$15,B2),项目明细!$A$2:$A$15)			
◢	A	B	C	D	E	F
1	姓名	加班原因	实际时长	项目		
2	曾文婷	变更培训梳理	2	培训		
3	曾文婷	变更培训梳理	11	培训		
4	曾文婷	6楼万级、十万级1、2车间生物安全柜验证	8	验证		
5	曾文婷	6楼车间洁具、器具灭菌柜验证，6楼十万ä	8	验证		
6	曾文婷	发光监控SOP梳理，6楼十万级1车间动态ä	5	监控		
7	曾文婷	化学发光底物、CA50主校准品分装过程控ä	8	过程控制		
8	曾文婷	AFP试剂盒分装过程控制	3	过程控制		
9	曾文婷	anti-HBS试剂盒分装过程控制	2	过程控制		
10	曾文婷	CE产品组装过程控制	8	过程控制		
11	曾文婷	S-CAg试剂盒生产过程控制，6楼万级、十ä	8	环境监测		
12	曾文婷	4楼十万级车间消毒效果报告填写、清洗液ä	8	过程控制		

图 5-26　LOOKUP 查询辅助列

LOOKUP函数是一个非常神奇的函数，可以以字符少的查找字符多的，也可以以字符多的查找字符少的，比VLOOKUP函数更强大。

这个函数有一种通用的查找模式：

=LOOKUP(1,0/(条件),返回值)

通过这种通用模式就可以按条件查询对应值。如果是两个内容完全一样的查找就用条件(项目明细!$A$2:$A$15=B2)，也就是用"="直接比较。而现在是包含与被包含的关系，用FIND函数可以判断是否其中包含这个关键字符。

➡Step 03 如图5-27所示，根据新的数据源创建数据透视表，将"姓名"和"项目"拖到"行"，"实际时长"拖到"值"。

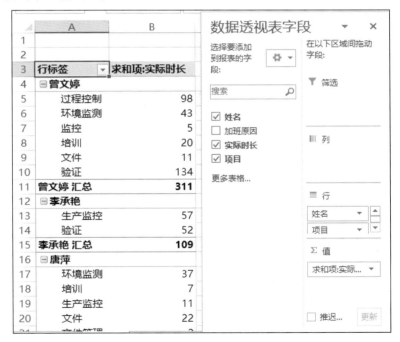

图 5-27　创建数据透视表

➡Step 04 如图5-28所示，右击，在弹出的快捷菜单中选择"数据透视表选项"命令。

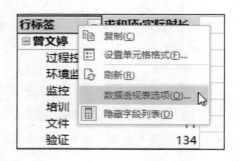

图 5-28 选择"数据透视表选项"命令

➡Step 05 如图5-29所示，在弹出的"数据透视表选项"对话框中选择"显示"选项卡，勾选"经典数据透视表布局（启用网格中的字段拖放）"复选框，单击"确定"按钮。

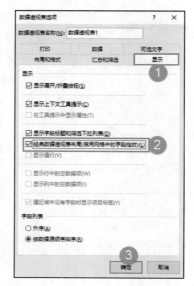

图 5-29 勾选"经典数据透视表布局（启用网格中的字段拖放）"复选框

➡Step 06 如图5-30所示，切换到"布局和格式"选项卡，勾选"合并且居中排列带标签的单元格"复选框，单击"确定"按钮。

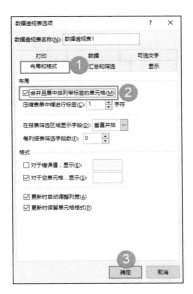

图 5-30　勾选"合并且居中排列带标签的单元格"复选框

⇒Step 07 如图5-31所示，将光标放在任意有数字的地方，右击，在弹出的快捷菜单中选择"值显示方式"→"父级汇总的百分比"命令。

图 5-31　选择"父级汇总的百分比"命令

➡Step 08 如图5-32所示，在弹出的"值显示方式（求和项：实际时长）"对话框中，保持默认不变，单击"确定"按钮。

经过上面8个步骤就完成了最终效果，如图5-33所示。

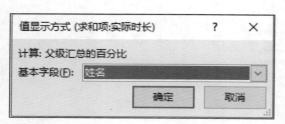

求和项:实际时长		
姓名 ▼	项目 ▼	汇总
曾文婷	过程控制	31.51%
	环境监测	13.83%
	监控	1.61%
	培训	6.43%
	文件	3.54%
	验证	43.09%
曾文婷 汇总		100.00%
李承艳	生产监控	52.29%
	验证	47.71%
李承艳 汇总		100.00%

 图 5-32 按姓名计算父级汇总的百分比

 图 5-33 最终效果

5.2.2 多表关联统计

如图5-34所示，一个是单位对应表，一个是单位金额表，现在要统计每个行业分类的金额。

	A	B
1	单位名称	行业分类
2	国际市惠客隆商贸有限公司	超市
3	国际市福兴超市有限公司	超市
4	国际市北山超市有限责任公司	超市
5	奥州东方超市连锁集团有限公司	超市
6	奥州市友佳超市八宝分店	超市
7	奥州新合作商贸国际有限公司	超市
8	国际市好运来商贸有限公司	超市
9	国际市水东方超市有限公司	超市
10	国际市新兴宜家商贸有限公司	超市
11	国际市好上好商贸	超市
12	国际市新特惠商贸	超市
13	国际市鑫鑫超市大河北店	超市
14	国际大江纺织有限责任公司	纺织

单位对应表

	A	B
1	单位名称	金额
2	国际市好上好商贸有限公司	222132.24
3	国际市福兴超市有限公司	47539.6
4	国际市红吉布艺有限责任公司	26666.67
5	国际沪青绒布有限公司	686676.72
6	奥州国际康迪药业有限公司	3817511.38
7	国际市聚信商贸有限公司	65700
8	奥州省国际市飞龙织造有限公司	500000
9	奥州望春花纺织股份有限公司	9000
10	国际市金松药业有限公司	44444400
11	国际市云康商贸有	2345500
12		
13		
14		

单位金额表

 图 5-34 两个表格

正常情况下数据透视表一次只能根据一个表格创建，没法实现两个表格的统计。

参考上一小节的方法，将行业分类引用到单位金额表就可以了。

➡Step 01 如图5-35所示，用VLOOKUP函数将行业分类引用过来。

=VLOOKUP(A2,单位对应表!A:B,2,0)

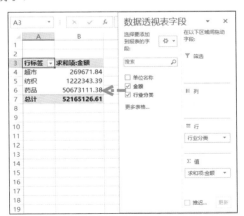

图 5-35　VLOOKUP 函数引用

➡Step 02 如图5-36所示，根据新数据源创建数据透视表，将"行业分类"拖到"行"，"金额"拖到"值"就完成了。

图 5-36　统计行业分类金额

知识扩展：

其实Excel 2013也提供了一个名为"多表关联分析"的工具，但笔者觉得用这种辅助列的方法更方便快捷。这里简单说明一下如何使用"多表关联分析"这个工具。为了方便查看，对数据源进行了修改，并放在同一张表格中。

⇒Step 01 如图5-37所示，选择区域中的任意单元格，单击"插入"→"表格"按钮，在弹出的"创建表"对话框中保持默认不变，单击"确定"按钮。

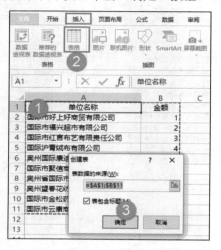

 图 5-37 插入表格

⇒Step 02 如图5-38所示，重复上一步插入表格的操作，现在两个都变成了表格。

单位名称	金额		单位名称	行业分类
国际市好上好商贸有限公司	1		奥州常松无纺布科技有限公司	纺织
国际市福兴超市有限公司	2		国际市福兴超市有限公司	超市
国际市红言布艺有限责任公司	3		国际市红言布艺有限责任公司	纺织
国际沪菁绒布有限公司	4		国际沪菁绒布有限公司	纺织
奥州国际康迪药业有限公司	5		奥州国际康迪药业有限公司	药品
国际市聚信商贸有限公司	6		国际市聚信商贸有限公司	药品
奥州省国际市飞龙织造有限公司	7		奥州省国际市飞龙织造有限公司	纺织
奥州望春花纺织股份有限公司	8		奥州望春花纺织股份有限公司	纺织
国际市金松药业有限公司	9		国际市金松药业有限公司	药品
国际市云康商贸有限公司	10		国际市云康商贸有限公司	药品
			国际市好上好商贸有限公司	超市
			国际市东方购物广场有限公司	超市

 图 5-38 插入表格后的效果

Step 03 如图5-39所示，以其中任一表格创建数据透视表，单击"更多表格"按钮，在弹出的对话框中单击"是"按钮。

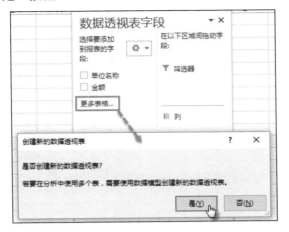

图 5-39　更多表格

Step 04 如图5-40所示，切换到"分析"选项卡，单击"关系"按钮，设置这两个表格间的关系，也就是这两个表中具有关联性质的字段名，单击"确定"按钮。

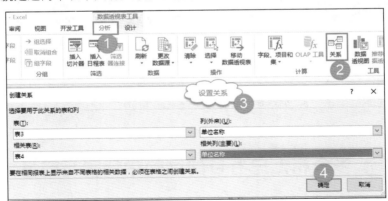

图 5-40　设置表格关系

Step 05 如图5-41所示，现在就可以从这两个表格中添加字段到数据透视表中了。

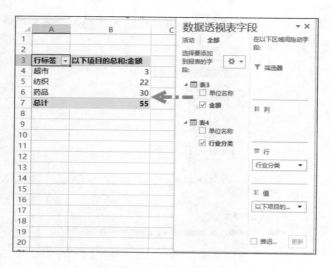

图 5-41　最终效果

5.3　数据透视表和数据透视图向导的秘密

正常情况下，版本越高功能越多越好用，不过低版本也有一个很好用的功能——数据透视表和数据透视图向导。这个功能高版本默认情况下是没有的，需要重新添加才有。前面的案例曾提到过如何添加，但至于如何使用一直没说，这里好好说一下。

 ### 5.3.1　多表格汇总各目的地的中转费与重量

截至目前，我们使用的都是标准的一维表，而且数据源都在同一表格中。但现实工作中，很多人都没有养成这个好习惯。也正因为这样，多重合并计算数据区域才体现出它的价值。

如图5-42所示，表1与表2格式相同，都包含"目的地""中转费""重量"3列，在这种情况下汇总各目的地的中转费与重量。

	A	B	C		A	B	C
1	目的地	中转费	重量	1	目的地	中转费	重量
2	福建泉州航空部	0.25	0.2	2	浙江杭州航空部	7.39	4.35
3	辽宁沈阳航空部	3.64	0.75	3	上海航空部	0.85	0.45
4	黑龙江哈尔滨航空部	2.86	0.45	4	内蒙古呼和浩特航空部	10.86	2.15
5	福建泉州航空部	0.29	1.15	5	浙江杭州航空部	1.62	0.95
6	天津公司	3.36	0.85	6	浙江杭州航空部	4.59	2.7
7	安徽合肥航空部	0.85	0.05	7	陕西西安航空部	1.42	0.05
8	安徽合肥航空部	0.85	0.3	8	河北石家庄中转部	3.56	1.25
9	辽宁沈阳航空部	1.94	0.2	9	安徽合肥航空部	35	0.5
10	浙江杭州航空部	23.97	14.1	10	山东青岛航空部	02	0.5
11	福建泉州航空部	0.12	0.5	11	山东济南航空部	12.35	3.05
12	江苏无锡中转部	1.1	0.65	12	山东济南航空部	9.72	2.4
13	江苏无锡中转部	5.78	3.4	13	黑龙江哈尔滨航空部	23.18	3.65
14	江苏无锡中转部	4.5	2.65	14	福建泉州航空部	0.25	0.2
15	四川成都公司	1.82	0.3	15	山东青岛航空部	3.64	0.9
16	浙江杭州航空部	14.62	8.6	16	重庆航空部	2.94	0.7

图 5-42 格式相同的多表

⇨Step 01 如图5-43所示，单击"数据透视表和数据透视图向导"按钮，在弹出的"数据透视表和数据透视图向导——步骤1（共3步）"对话框中选中"多重合并计算数据区域"单选按钮，单击"下一步"按钮。

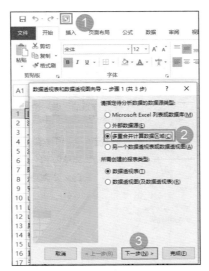

图 5-43 向导第 1 步

知识扩展：

如图5-44所示，找不到"数据透视表和数据透视图向导"的，可以使用快捷键——先按Alt+D组合键，再按P键就出来了。不要3个键一起按，切记！

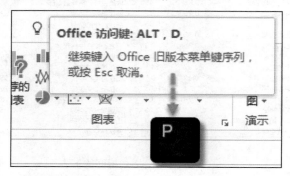

图 5-44　快捷键的使用

按Alt+D组合键就相当于调出旧版本菜单的功能，因为这个功能是Excel 2003的，高版本默认没有。

⟹Step 02 如果要对工作表进行命名，则在弹出的向导2a对话框中选中"创建单页字段"单选按钮。因为这里不需要，所以保持默认不变，单击"下一步"按钮，如图5-45所示。

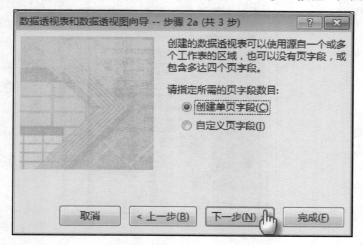

图 5-45　向导第 2 步

➡Step 03 如图5-46所示，在弹出的向导2b对话框中依次选择表1和表2的数据区域，单击"添加"按钮，然后单击"完成"按钮。

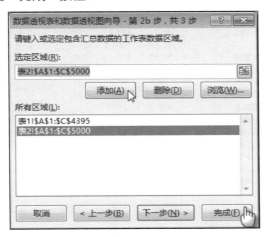

图 5-46　向导第 3 步

这里出现了一个问题，数据区域有4000多行，如果用鼠标拖动选取一定很慢。其实选取区域是有诀窍的。如图5-47所示，选择标题，然后按Ctrl+Shift+↓组合键，就完成了区域的选取。

	A	B	C
1	目的地	中转费	重量
2	福建泉州航空部	0.25	0.2
3	辽宁沈阳航空部	3.64	0.75
4	黑龙江哈尔滨航空部	2.86	0.45
5	福建泉州航空部	0.29	1.15
6	天津公司	3.06	0.85
7	安徽合肥	0.1	0.05
8	安徽合肥航空部	0.85	0.3
9	辽宁沈阳航空部	1.94	0.2
10	浙江杭州航空部	23.97	14.1
11	福建泉州航空部	0.12	0.5
12	江苏无锡中转部	1.1	0.65

图 5-47　快速选取区域

➡Step 04 如图5-48所示，"中转费"与"重量"是两个不同的概念，这里出现的"总计"是不符合实际情况的。右击，在弹出的快捷菜单中选择"删除总计"命令。

行标签	中转费	重量	总计
安徽合肥航空部	560.41	312.35	87
北京中转部	1741.84	504.1	224
福建泉州航空部	256.81	908.65	116
福建沙县航空部	6.34	19.5	2
福建厦门中转部	33.8	85.85	11
甘肃兰州航空部	460.67	77.05	53
广东揭阳航空部	436.2	107.7	54
广东揭阳中转部	0	0.4	
贵州贵阳航空部	736.1	189.35	92
海南海口航空部	242.9	69.75	31
河北石家庄中转部	1399.66	476.45	1876.11
河南郑州航空部	1234.02	332.2	1566.22
黑龙江哈尔滨航空部	1848.53	285.1	2133.63
湖北武汉航空部	1126.11	399.9	1526.01
湖南长沙航空部	1565.22	474.6	2039.82

右键菜单：
复制(C)
设置单元格格式(F)...
数字格式(T)...
刷新(R)
删除总计(V)
值汇总依据(M) ▶
值字段设置(N)...
数据透视表选项(O)...
隐藏字段列表(D)

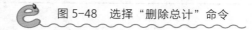 图 5-48 选择"删除总计"命令

➡Step 05 对数据透视表再进行简单的处理，最终效果如图5-49所示。

目的地	中转费	重量
安徽合肥航空部	560.41	312.35
北京中转部	1741.84	504.1
福建泉州航空部	256.81	908.65
福建沙县航空部	6.34	19.5
福建厦门中转部	33.8	85.85
甘肃兰州航空部	460.67	77.05
广东揭阳航空部	436.2	107.7
广东揭阳中转部	0	0.4
贵州贵阳航空部	736.1	189.35
海南海口航空部	242.9	69.75
河北石家庄中转部	1399.66	476.45
河南郑州航空部	1234.02	332.2
黑龙江哈尔滨航空部	1848.53	285.1
湖北武汉航空部	1126.11	399.9
湖南长沙航空部	1565.22	474.6

 图 5-49 各目的地的中转费与重量

5.3.2 二维表汇总各目的地中转费

如图5-50所示是各目的地每天中转费明细表。

➡Step 01 如图5-51所示，单击"数据透视表和数据透视图向导"按钮，在弹出的向导对话框中选中"多重合并计算数据区域"单选按钮，单击"下一步"按钮。

	A	B	C	D	E	F	G	H	I	J	K	L
1	目的地	8-1	8-2	8-3	8-4	8-5	8-6	8-7	8-8	8-9	8-10	8-11
2	安徽合肥航空部	7		10	8	8	5	9			5	11	8
3	北京中转部	5		4	5	11	8	7	6	4	10	
4	福建泉州航空部	2	7	1			6	8	3	2	10	
5	福建沙县航空部	10	11	8				2	3	2	1	
6	福建厦门中转部	8	11	4			1	10	10	4		
7	甘肃兰州航空部	3	2	7			4	7	3	2	11	
8	广东揭阳航空部	8	1	1			5	11	8	7	8	
9	广东揭阳中转部	3	8	11			2	9	2	8	8	8
10	贵州贵阳航空部	3	8	5			3	6	5	7	10	11
11	海南海口航空部	2	3	7	3	11	8	5			8	3
12	河北石家庄中转部	3	9	8	6	7		9	9	5	4	10
13	河南郑州航空部	10	8	9	8	4	5	3	10	7	
14	黑龙江哈尔滨航空部	6	5	3	5	6	7		5	3	2	5
15	湖北武汉航空部	7	3	9	3	4	2	6	10	5	9	5
16	湖南长沙航空部	8	2	10	10	1	2	6	10	9	5	4

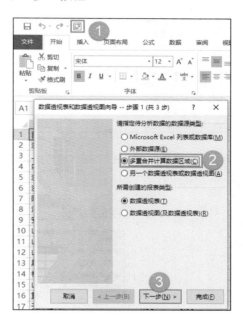

 图 5-50 各目的地每天中转费明细表

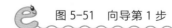 图 5-51 向导第 1 步

➡Step 02 在弹出的向导2a对话框中保持默认不变，单击"下一步"按钮。

➡Step 03 在弹出的向导2b对话框中选择数据源区域，单击"添加"按钮，然后单击"完成"按钮。如图5-52所示，中转费在这里变成了计数项。

➡Step 04 如图5-53所示，选中"计数项:值"所在单元格，右击，在弹出的快捷菜单中选择"值汇总依据"→"求和"命令。

Excel透视表 跟卢子一起学

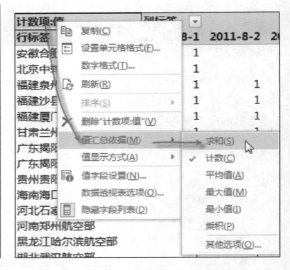

图 5-52　中转费变成计数项　　　　　图 5-53　更改值汇总依据

Step 05 如图5-54所示，取消"列"与"页1"的勾选。

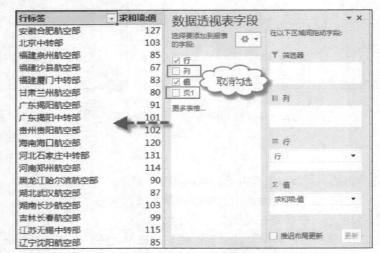

图 5-54　取消"列"与"页 1"的勾选

知识扩展：

如果想将二维表转换成一维表，其实也很简单。如图5-55所示，双击"总计"的数值。

	A	B	C
31	天津公司	128	
32	西藏拉萨公司	122	
33	新疆乌鲁木齐航空部	94	
34	云南昆明航空部	108	
35	浙江杭州航空部	130	
36	重庆航空部	130	
37	总计	3547	
38			
39			

图 5-55　双击"总计"的数值

生成的一维明细表再经过简单的处理，就变成如图5-56所示的效果。

	A	B	C
1	目的地	日期	中转费
2	安徽合肥航空部	2011-8-1	7
3	安徽合肥航空部	2011-8-3	10
4	安徽合肥航空部	2011-8-4	8
5	安徽合肥航空部	2011-8-5	8
6	安徽合肥航空部	2011-8-6	5
7	安徽合肥航空部	2011-8-7	9
8	安徽合肥航空部	2011-8-9	5
9	安徽合肥航空部	2011-8-10	11
10	安徽合肥航空部	2011-8-11	8
11	安徽合肥航空部	2011-8-12	6
12	安徽合肥航空部	2011-8-13	7
13	安徽合肥航空部	2011-8-14	4
14	安徽合肥航空部	2011-8-15	7
15	安徽合肥航空部	2011-8-16	2
16	安徽合肥航空部	2011-8-17	10

图 5-56　一维明细表

5.3.3　数据安全

有的时候在对外发送时只是希望使用者看到数据透视表，而数据源不希望被看到。但如果仅仅是删除了数据源，当双击数据透视表的值时就能重新生成一份明细表，这样原始数据还是会被泄露。

最常用的办法就是复制数据透视表，然后粘贴成值，这样数据透视表就变成了普通的表格。如图5-57所示，复制数据透视表，粘贴成值和源格式。

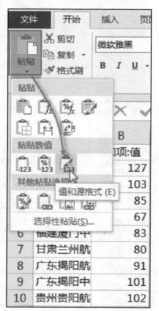

图 5-57　粘贴成值

不过，变成了这样的普通表格后，就无法再改变布局了。如果仍然希望以后可以改变布局的话，还有一种办法。

➡Step 01 如图5-58所示，选中数据透视表中的任意单元格，右击，在弹出的快捷菜单中选择"数据透视表选项"命令。

➡Step 02 如图5-59所示，在弹出的"数据透视表选项"对话框中选择"数据"选项卡，取消勾选"启用显示明细数据"复选框，单击"确定"按钮。

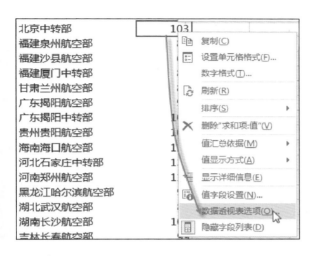

图 5-58　选择"数据透视表选项"命令

图 5-59　取消勾选"启用显示明细数据"复选框

Step 03 这样双击数据透视表，就会弹出一个警告对话框，提示"不能更改数据透视表的这一部分"，如图5-60所示。

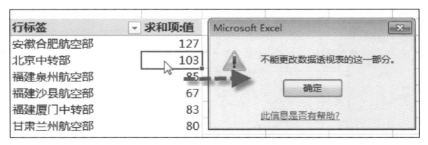

图 5-60　不会生成明细表

这样对于新手而言是可行的，但对于老手就行不通了。如果重新勾选"启用显示明细数据"复选框的话，同样可以生成明细表。这时需要对工作表进行保护，即双保险。

➡️Step 04 如图5-61所示，单击"审阅"→"保护工作表"按钮，在弹出的"保护工作表"对话框中输入密码，勾选"使用数据透视表和数据透视图"复选框，单击"确定"按钮。

图 5-61　保护工作表

 ### 5.3.4　多重合并计算数据区域的局限性

经过上述处理后的数据透视表，只能对其进行一些如改变布局等较小的操作，其他都不可以操作，比较稳妥。

"多重合并计算数据区域"这个功能虽然很强大，但假如遇到两个表并且有两个汉字字段名的情况，用多重合并计算数据区域就会出错。这个功能只允许出现一个行字段，如图5-62所示。

	A	B	C		A	B	C
1	地区	品名	数量	1	地区	品名	数量
2	南阳	订书机	1	2	南阳	订书机	1
3	南阳	订书机	5	3	南阳	订书机	5
4	北京	钢笔	6	4	北京	钢笔	6
5	上海	办公桌	8	5	上海	办公桌	8
6	南阳	订书机	10	6	南阳	订书机	1
7	北京	钢笔		7		钢笔	10
8	南阳	订书机		8		订书机	10
9	南阳	钢笔	15	9	南阳	钢笔	15
10	北京	订书机	19	10	北京	订书机	19
11	北京	文件夹	19	11	北京	文件夹	19
12	北京	文件夹	19	12	北京	文件夹	19
13	北京	订书机	19	13	北京	订书机	19
14	北京	订书机	19	14	北京	订书机	19

两个表的数据

图 5-62　两个表的数据

如图5-63所示，通过多重合并计算数据区域创建的数据透视表，"品名"不是在行字段，造成统计出错。

图 5-63　出错

既然行字段只允许一个，就想办法合并成一个，再创建数据透视表。

如图5-64所示，插入一列，然后用"&"将两列连接起来，并以同样的方法在另一个表格中进行相同的操作。

图 5-64　添加辅助列

如图5-65所示，再借助多重合并计算数据区域创建的数据透视表，数据区域要选择C与D两列，不要选错，这样就完成了统计。

最后再进行简单的美化即可，如图5-66所示。

页1	(全部) ▼	
求和项:值	列标签 ▼	
行标签 ▼	数量	总计
北京 办公桌	166	166
北京 订书机	808	808
北京 钢笔	1516	1516
北京 铅笔	116	116
北京 文件夹	76	76
南阳 订书机	145	145
南阳 钢笔	1148	1148
南阳 稿纸	78	78
南阳 铅笔	436	436
上海 办公桌	16	16
上海 订书机	106	106
上海 铅笔	66	66
总计	4677	4677

求和项:值	列 ▼
地区 品名 ▼	数量
北京 办公桌	166
北京 订书机	808
北京 钢笔	1516
北京 铅笔	116
北京 文件夹	76
南阳 订书机	145
南阳 钢笔	1148
南阳 稿纸	78
南阳 铅笔	436
上海 办公桌	16
上海 订书机	106
上海 铅笔	66
总计	4677

 图 5-65　借助辅助列创建效果　　　 图 5-66　最终效果

这样虽然可以完成，但没办法进行其他操作，存在一定的局限性。不过以后学习Power Query后，这些都不是问题，多表、多工作簿、多字段都一样可以解决。

5.4　小结与练习

思想有多远，你就能走多远。数据透视表是个很神奇的东西，它不仅具有强大的执行计算能力、多重合并计算数据区域的多表合并汇总功能，还能结合函数、SQL甚至Access实现更加不可思议的功能。

课后练习：

（1）如图5-67所示，根据数据统计3个等级的次数，划分区间为[−8，−0.5)、[−0.5，0)和[0，8)（可以借助辅助列先获取等级来完成）。

	A	C	D	E
1				
2	数据			
3	-2.2		等级 ▼	次数
4	-3.5		1	967
5	-3.6		2	465
6	-1.8		3	45
7	-2.1		总计	1477
8	-2			
9	-1.7			
10	-0.9			
11	-0.3			
12	-1			
13	-0.8			
14	-1.1			

图 5-67　统计 3 个等级的次数

（2）如图5-68所示，根据每个人每个月的培训记录情况，借助多重合并计算数据区域统计全年每个人培训的次数。

	A	B	C	D	E	F	G	H	I	J	K	L	M
1		1月	2月	3月	4月	5月	6月	7月	8月	9月	10月	11月	12月
2		张三	李四	李四	李四	李四	李四	李四	李四	胡文	胡文	胡文	胡文
3		李四	张栋	王强	胡文	胡文	王五	胡文	李桃	小六	晶晶	晶晶	晶晶
4		张栋	王强	胡文	小六	王五	小六	晶晶	胡文	于晨	小六	小六	小六
5		王强	胡文	小六	小胡	小六	小胡	小六	晶晶	韩每	韩每	威威	威威
6		生捷	生捷	小胡	于晨	小胡	于晨	小胡	小六	王俊杰	王俊杰	韩每	韩每
7		小六	小六	于晨	老毕	于晨	老毕	于晨	小胡	张小虎	金雄	金雄	张小虎
8		小姚	小姚	老毕	韩每	老毕	刘杰	老毕	于晨	徐鸣	张小虎	张小虎	徐鸣
9													
10													
11		姓名 ▼	次数										
12		韩每	5										
13		胡文	10										
14		金雄	2										
15		晶晶	5										
16		老毕	5										
17		李四	8										
18		李桃	1										

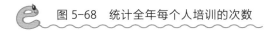

图 5-68　统计全年每个人培训的次数

（3）如图5-69所示，根据表1和表2进行差异分析，也就是"地区"与"品名"合计后计算表1减去表2数量的差异。

	表1				表2				表1-表2的差异		
	地区	品名	数量		地区	品名	数量		地区 ▾	品名 ▾	差异
3	南阳	订书机	1		南阳	订书机	2			办公桌	0
4	南阳	订书机	5		南阳	订书机	5			订书机	0
5	北京	钢笔	5		北京	钢笔	6		北京	钢笔	-1
6	上海	办公桌	8		上海	办公桌	8			铅笔	0
7	南阳	订书机	10		南阳	订书机	1			文件夹	0
8	北京	钢笔	10		北京	钢笔	10		北京 汇总		-1
9	南阳	订书机	10		南阳	订书机	10			订书机	8
10	南阳	钢笔	15		南阳	钢笔	14		南阳	钢笔	631
11	北京	订书机	19		北京	订书机	19			稿纸	0
12	北京	文件夹	19		北京	文件夹	19			铅笔	0
13	北京	文件夹	19		北京	文件夹	19		南阳 汇总		639
14	北京	订书机	19		北京	订书机	19			办公桌	0
15	北京	订书机	19		北京	订书机	19		上海	订书机	0
16	北京	订书机	19		北京	订书机	19			铅笔	0
17	北京	钢笔	25		北京	钢笔	25		上海 汇总		0
18	南阳	钢笔	26		南阳	钢笔	26		总计		638

图 5-69　两表差异分析

第6章

借助 Power Query 让数据透视表无所不能

早期的版本数据透视表跟SQL强强联合，可以实现很多意想不到的结果。不过SQL对于大多数人而言还是很有难度。而Excel2016新增加了Power Query这个功能，完全可以取代SQL，而且操作起来更简单。

business

research

-Microsoft
OFFICE
-Excel

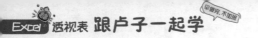

6.1　简单易懂的 Power Query

　　数据透视表本身就已经相当强大，如果再结合Power Query，那汇总数据就再无难事。利用Power Query可以做到很多我们觉得不可思议的事情，例如，多表合并，甚至是多工作簿合并。函数、数据透视表一遇到多表基本上都无能为力，而Power Query却依然能够轻松应对。结合Power Query，我们可以用Excel创建小型的数据库。

　　如图6-1所示，在Excel中VBA是最强大的，不过要熟练掌握，所需时间是以年为单位的；而函数相对比较容易学习，但能实现的高度是有限的，Power Query则无须学习太长时间，就可以达到一定的高度。

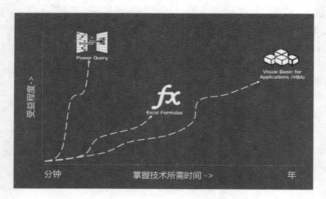

图 6-1　掌握三大技能所需时间对比

6.2　超级强大的表格合并和处理功能

6.2.1　多表统计，一劳永逸

　　在进行多表合并时我们介绍了多重合并计算数据区域功能，这个功能是有局限的，即只允许数据源有一列是文本，如果有两列文本，就要在数据源的基础上创建一个辅助列，连接这两列文本。

如果是多列文本呢？怎么办？难道要创建辅助列连接多列吗？

其实不用。Excel高版本提供了一个功能，能解决这个问题，那就是Power Query。下面结合案例介绍如何利用Power Query进行多表统计。

如图6-2所示，这里有4张表，格式一样，表头字段也一样，要统计每种业务的销售金额。

	A	B	C	D	E	F	G	H
1	日期	省代	购货单位	产品名称	实发数量	销售单价	销售金额	业代
2	2018-1-5	北京	北京-危永贵	500g鸡汁脆笋	300	10	3000	A
3	2018-1-5	北京	北京-危永贵	1000g农家曝豆角	200	14	2800	A
4	2018-1-6	北京	北京-危永贵	500g什锦坛子菜	100	6	600	A
5	2018-1-7	北京	北京-危永贵	500g鸡汁脆笋	60	10	600	A
6	2018-1-10	北京	北京-湘润多	250g青脆黄瓜皮	200	4	800	A
7	2018-1-10	北京	北京-湘润多	250g青脆黄瓜皮	100	4	400	A
8	2018-1-10	北京	北京-湘润多	200g坛子洋姜（丁）	100	4	400	A
9	2018-1-10	北京	北京-湘润多	1000g农家曝豆角	100	14	1400	A
10	2018-1-10	北京	北京-湘润多	250g什锦野菜	180	6	1080	A
11	2018-1-13	北京	北京-危永贵	150g农家曝豆角	150	14	2100	A
12	2018-1-13	北京	北京-危永贵	500g什锦坛子菜	100	6	600	A
13	2018-1-13	北京	北京-危永贵	250g一锅香	60	11	660	A
14	2018-1-13	北京	北京-危永贵	250g五香拆骨肉	100	11	1100	A
15	2018-1-13	北京	北京-危永贵	200g鲜脆肚尖	200	12	2400	A
16	2018-1-13	北京	北京-危永贵	500g鸡汁脆笋	200	10	2000	A
17	2018-1-13	北京	北京-危永贵	200g口味榨菜皮	600	3	1800	A
18	2018-1-13	北京	北京-危永贵	500g青脆黄瓜皮	200	8	1600	A
19	2018-1-13	北京	北京-危永贵	500g鸡汁脆笋	100	10	1000	A
20	2018-1-15	北京	北京-危永贵	200g口味榨菜皮	200	3	600	A

| 2015年 | 2016年 | 2017年 | 2018年 |

图 6-2　格式相同的多表

➡️Step 01 先关闭要统计的工作簿，再新建一个工作簿。切换到"数据"选项卡，单击"新建查询"下拉按钮，在弹出的下拉列表中选择"从文件"→"从工作簿"命令，如图6-3所示。

图 6-3　选择"从工作簿"命令

➡Step 02 在弹出的"导入数据"窗口中浏览找到指定的工作簿，单击"导入"按钮，如图6-4所示。

图6-4　导入

➡Step 03 弹出"导航器"窗口，在"显示选项"下拉列表框中，选择文件标题，就默认把这个工作簿中的所有工作表都选中了，然后单击"编辑"按钮，如图6-5所示。

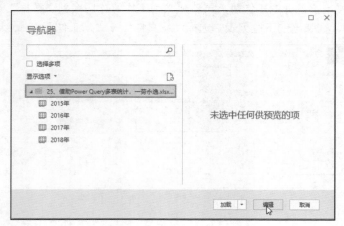

图6-5　"导航器"窗口

➡Step 04 打开Power Query 编辑器，在Name列中只需保留2015年、2016年、2017年和2018年的数据，其他的不需要，因此取消对其他数据的勾选，然后单击"确定"按钮，如图6-6所示。

图 6-6 取消勾选不需要的数据

对原始数据源进行筛选或者定义名称后，就会产生这些无关的内容。一定要取消筛选，否则在统计的时候就会出错。

➡Step 05 接下来，只保留Data这一列的数据，其他列都不需要。按住Ctrl键的同时单击选择不需要的列，右击，在弹出的快捷菜单中选择"删除列"命令，如图6-7所示。

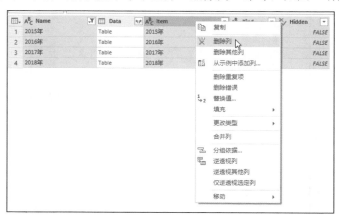

图 6-7 选择"删除列"命令

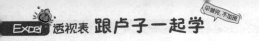

在右侧的"查询设置"窗格中,Power Query 会将用户对数据执行的所有操作记录在"应用的步骤"栏中。如果操作过程中出现了失误,要返回上一步操作,则直接单击步骤前面"×"按钮,该步骤删除,返回上一步,如图6-8所示。

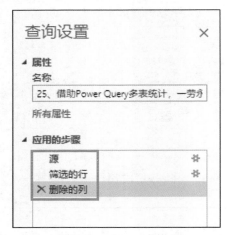

图6-8 应用的步骤

➡Step 06 单击Data右侧的"扩展"按钮,在弹出的对话框中单击"加载更多"按钮,然后单击"确定"按钮,如图6-9所示。

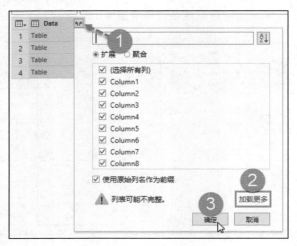

图6-9 扩展

➡Step 07 这张表是没有标题的，直接单击"将第一行用作标题"按钮，如图6-10所示。

图6-10 将第一行用作标题

➡Step 08 直接合并以后会有多余的标题，单击"业务"这一列的筛选箭头，选择"加载更多"，取消对标题也就是"业务"的勾选，单击"确定"按钮，如图6-11所示。

图6-11 取消筛选多余的标题

这里说明一下，不一定要选择"业务"这一列，任何一列都可以，只要能取消多余的标题即可。

➡Step 09 切换到"开始"选项卡，单击"关闭并上载"按钮，如图6-12所示。

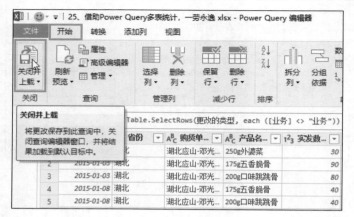

图 6-12　关闭并上载

这样就把原来工作簿中2015～2018年这几年的数据全部合并到这张表中了，如图6-13所示。

日期	省份	购货单位	产品名称	实发数量	销售单价	销售金额	业务
2015-1-3	湖北	湖北应山-邓光耀	250g外婆菜	30	4.2	126	B
2015-1-3	湖北	湖北应山-邓光耀	175g五香脆骨	90	10.5	945	B
2015-1-3	湖北	湖北应山-邓光耀	200g口味跳跳骨	80	11.6	928	B
2015-1-8	湖北	湖北应山-邓光耀	175g五香脆骨	40	10.5	420	B
2015-1-8	湖北	湖北应山-邓光耀	200g口味跳跳骨	40	11.6	464	B
2015-1-8	湖北	湖北应山-邓光耀	250g外婆菜	120	4.2	504	B
2015-1-8	湖北	湖北应山-邓光耀	200g口味跳跳骨	160	11.6	1856	B
2015-1-8	湖北	湖北应山-邓光耀	175g五香脆骨	200	10.5	2100	B
2015-3-31	北京	北京-邹方	500g青脆黄瓜皮	20	8	160	A
2015-3-31	北京	北京-邹方	200g坛子洋姜（丁）	20	4	80	A
2015-3-31	北京	北京-邹方	200g口味猪脚皮	50	9	450	A
2015-3-31	北京	北京-邹方	500g什锦坛子菜	40	6	240	A
2015-3-31	北京	北京-邹方	200g酱辣牛肚	30	9	270	A
2015-3-31	北京	北京-邹方	200g羊肚丝	10	11	110	A
2015-3-31	北京	北京-邹方	1000g农家嫂豆角	40	13	520	A
2015-3-31	北京	北京-邹方	200g口味猪脚皮	30	9	270	A
2015-3-31	北京	北京-邹方	300g什锦野菜	30	7	210	A

图 6-13　合并后效果

这个功能的好处是什么呢？

首先，能突破多重合并计算数据区域的局限，不受数据源是否有多列文本的限制。

其次，如果增加或删减数据源中的数据，合并表中的数据也会随之更新。

比如，现在对数据源新增几条数据，保存并关闭当前工作簿，如图6-14所示。

	A	B	C	D	E	F	G	H
140	2018-3-4	辽宁	辽宁大连-刘波	200g农家嚗豆角	400	3.5	1400	A
141	2018-3-4	辽宁	辽宁大连-刘波	250g鸭四宝	320	10	3200	A
142	2018-3-4	辽宁	辽宁大连-刘波	200g坛子洋姜（丁）	200	4	800	A
143	2018-3-4	辽宁	辽宁大连-刘波	250g青脆黄瓜皮	1200	4	4800	A
144	2018-3-4	辽宁	辽宁大连-刘波	250g带皮黄牛肉	150	12.5	1875	A
145	2018-3-4	辽宁	辽宁大连-刘波	250g带皮黄牛肉	120	12.5	1500	A
146	2018-3-4	辽宁	辽宁大连-刘波	200g香辣牛肚	50	11	550	A
147	2018-5-6	卢子	深圳-卢子	200g香辣牛肚	50	11	550	卢子
148	2018-5-6	卢子	深圳-卢子	200g香辣牛肚	50	11	550	卢子
149	2018-5-6	卢子	深圳-卢子	200g香辣牛肚	50	11	550	卢子
150								

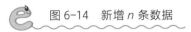

图 6-14　新增 *n* 条数据

选择合并后的工作表中的任意单元格，右击，在弹出的快捷菜单中选择“刷新”命令，如图6-15所示。

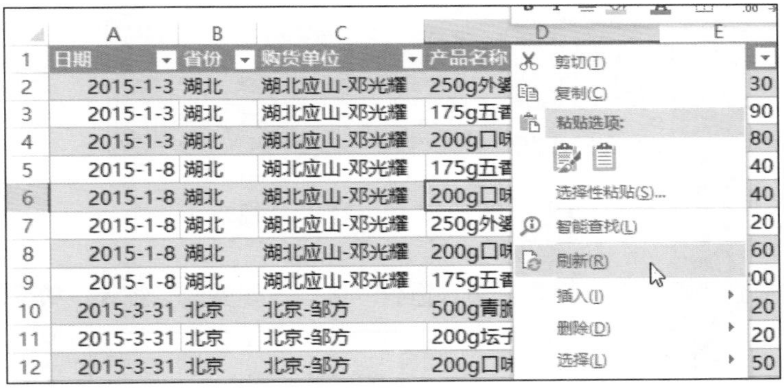

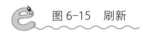

图 6-15　刷新

这时可以看到，这边的工作表也同步新增了这几条数据，如图 6-16所示。

	日期	省份	购货单位	产品名称	实发数量	销售单价	销售金额	业务
2691	2018-3-4	辽宁	辽宁大连-刘波	200g鲜脆食管	1000	10	10000	A
2692	2018-3-4	辽宁	辽宁大连-刘波	200g农家嚗豆角	400	3.5	1400	A
2693	2018-3-4	辽宁	辽宁大连-刘波	250g鸭四宝	320	10	3200	A
2694	2018-3-4	辽宁	辽宁大连-刘波	200g坛子洋姜（丁）	200	4	800	A
2695	2018-3-4	辽宁	辽宁大连-刘波	250g青脆黄瓜皮	1200	4	4800	A
2696	2018-3-4	辽宁	辽宁大连-刘波	250g带皮黄牛肉	150	12.5	1875	A
2697	2018-3-4	辽宁	辽宁大连-刘波	250g带皮黄牛肉	120	12.5	1500	A
2698	2018-3-4	辽宁	辽宁大连-刘波	200g香辣牛肚	50	11	550	A
2699	2018-5-6	卢子	深圳-卢子	200g香辣牛肚	50	11	550	卢子
2700	2018-5-6	卢子	深圳-卢子	200g香辣牛肚	50	11	550	卢子
2701	2018-5-6	卢子	深圳-卢子	200g香辣牛肚	50	11	550	卢子
2702								

图 6-16　同步更新

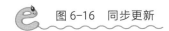

现在插入数据透视表，统计各业务的销售金额就非常方便了。

单击A1单元格，切换到"插入"选项卡，单击"数据透视表"按钮，在弹出的"创建数据透视表"对话框中，保持默认不变，单击"确定"按钮，如图6-17所示。

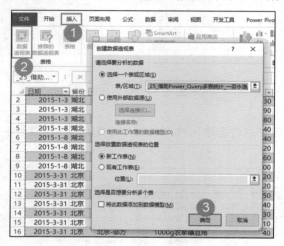

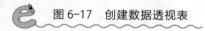

图 6-17　创建数据透视表

将"业务"拖到"行"，"销售金额"拖到"值"，就完成了统计，如图6-18所示。

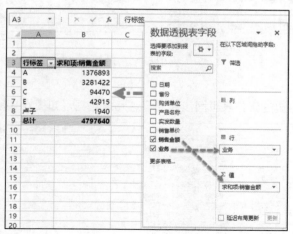

图 6-18　统计业务对应的销售金额

6.2.2 提取 42 张工作表名称并汇总数量

某一工作簿包含42张工作表，几乎每张工作表都是不规范的，数据极其凌乱。

观察一下，每张工作表中都有多个表格，且用空行隔开了；有多个标题；"时间"这一列中只有第一行有数据；表格之外还有其他无关的内容；每张工作表中无关的内容都不一样，如图6-19所示。

	A	B	C	D	E	F	G	H	I	J	K
1	时间	货号	个数	单价	金额	备注					
2	2015-7-16	624101	4	8	32	套餐C			型号	个数	
3		624102	4	8	32	12980			101	4	1
4		624201	4	19	76				102	4	
5		624202	4	19	76				201	4	
6		624203	4	19	76				202	4	
7		624301	4	32	128				203	4	
8		624302	4	32	128				301	4	
9		624303	4	32	128				302	4	
10		624304	4	32	128				303	4	
11	共计				804				304	4	
12									401	1	
13	时间	货号	个数	单价	金额	备注			402	2	
14	2015-7-29	624101	1	8	8				403	1	
15		624203	1	19	19				501	1	
16		624301	5	32	160				502	1	
17	共计				187				503	1	
18									504	1	
19	时间	货号	个数	单价	金额	备注			601		
20	2015-7-29	624201	16	19	304				602		
21		624202	12	19	228				603		
22		624203	12	19	228				604		
23	共计				760				605		
24									606		

玩具家　齐心　100分　智慧星　乐园商店　西海岸　学生部落　糖糖　咻咻　棒棒糖　浩源　齐齐　李宝剑

图 6-19　不规范的 42 张工作表

下面一起来操作。

➡️Step 01 先关闭这个工作簿，新建一个工作簿。然后在"数据"选项卡中单击"新建查询"下拉按钮，在弹出的下拉列表中选择"从文件"→"从工作簿"命令，如图6-20所示。

图 6-20　选择"从工作簿"命令

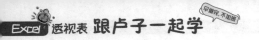

⇒Step 02 在弹出的"导入数据"窗口中找到刚才那个工作簿，选中后单击"导入"按钮，如图6-21所示。

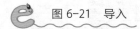
图 6-21　导入

⇒Step 03 弹出"导航器"窗口，在"显示选项"下拉列表框中选择这份工作簿，就相当于把42张工作表都选中了；然后单击"编辑"按钮，如图6-22所示。

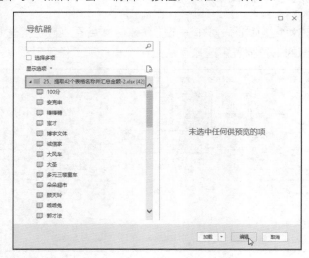

图 6-22　"导航器"窗口

➡Step 04 打开Power Query编辑器，将不用的列删除，如图6-23所示。

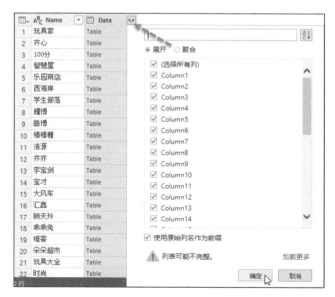

图 6-23　删除列

➡Step 05 单击Data右侧的"展开"按钮，在弹出的对话框中单击"确定"按钮，如
图6-24所示。

图 6-24　展开

接下来，整理数据。

➡️Step 06 单击"将第一行用作标题"按钮，如图 6-25所示。

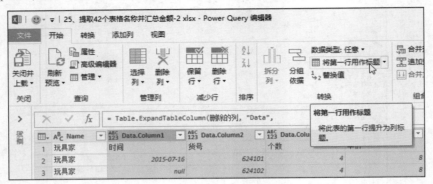

图 6-25　将第一行用作标题

➡️Step 07 单击"货号"这一列的筛选按钮，取消勾选null和"货号"，单击"确定"按钮，如图6-26所示。

图 6-26　取消勾选无关的内容

➡Step 08 "时间"这一列有很多空白单元格，选择该列，然后切换到"转换"选项卡，单击"填充"下拉按钮，在弹出的下拉列表中选择"向下"，如图6-27所示。

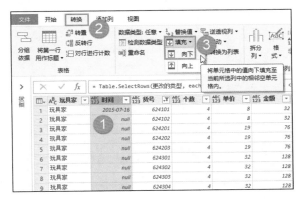

图 6-27 向下填充

➡Step 09 在"开始"选项卡中打开"数据类型"下拉列表框，从中选择"日期"选项，如图6-28所示。

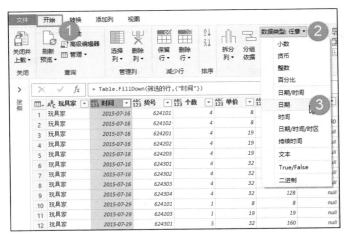

图 6-28 设置为日期格式

➡️Step 10 选中要删除的第1列，然后按往Shift键单击选中最后一列，就相当于把这些不需要的列全部选中了；右击，在弹出的快捷菜单中选择"删除列"命令，如图6-29所示。

图 6-29 选择"删除列"命令

➡️Step 11 将第1列标题改为"表格名称"，单击"关闭并上载"按钮，如图6-30所示。

图 6-30 关闭并上载

➡️Step 12 选择这张合并表的任一单元格，在"插入"选项卡中单击"数据透视表"按钮，在弹出的"创建数据透视表"对话框中单击"确定"按钮，如图6-31所示。

图 6-31　创建数据透视表

➡️Step 13 将"表格名称"拖到"行"，"货号"拖到"列"，"金额"拖到"值"，这样就完成了统计，如图6-32所示。

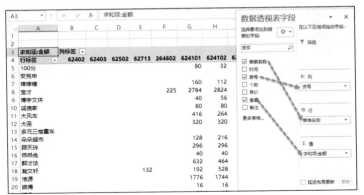

图 6-32　布局

6.2.3 多工作簿统计，一劳永逸

前面讲解了借助Power Query实现多表的合并统计，本节将介绍多工作簿合并统计。其工作原理是一样的，只是在细节处理上略有不同。

某个文件夹中含有3个工作簿，打开后可以看到格式都一样，字段也一样，如图6-33所示。

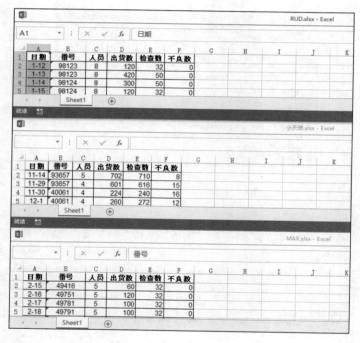

图 6-33　格式相同的 3 个工作簿

现在要合并这3个工作簿，具体操作步骤如下。

⇨ Step 01 我们先关闭这些工作簿，新建一个工作簿。在"数据"选项卡中单击"新建查询"下拉按钮，在弹出的下拉列表中选择"从文件"→"从文件夹"命令，如图6-34所示。

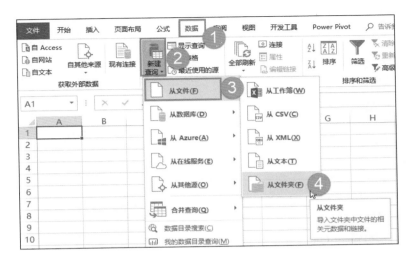

➡Step 02 在弹出的"文件夹"窗口中单击"浏览"按钮，找到刚才那个文件夹，单击"确定"按钮，如图6-35所示。

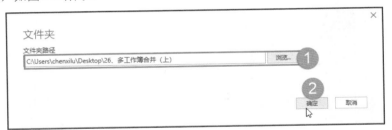

图 6-35　浏览找到指定文件夹

➡Step 03 在弹出的窗口中，可以看到需要合并的这3个工作簿，保持默认不变，单击"编辑"按钮，如图6-36所示。

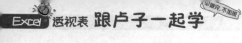

图 6-36　单击"编辑"按钮

➡Step 04 打开Power Query编辑器，在"添加列"选项卡中单击"自定义列"按钮，弹出"自定义列"窗口，在"自定义列公式"文本框中输入以下公式，这个公式的意思就是将文件夹中的全部Excel工作簿放入编辑器中。注意，大小写字符要和笔者输入的完全一致。单击"确定"按钮，如图6-37所示。

=Excel.Workbook([Content])

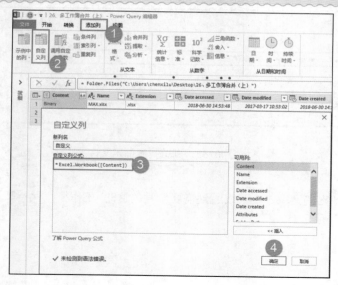

图 6-37　"自定义列"窗口

➡️Step 05 在此只需保留"自定义"列，其他的列不需要。如图6-38所示，选中"自定义"列，右击，在弹出的快捷菜单中选择"删除其他列"命令，这样就只保留了"自定义"列。

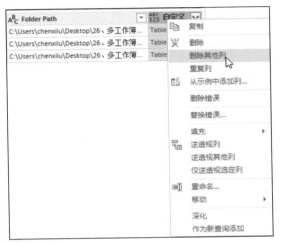

图 6-38　删除其他列

➡️Step 06 单击"自定义"右侧的"展开"按钮，在弹出的对话框中单击"确定"按钮，如图6-39所示。

图 6-39　展开

➡️Step 07 单击"自定义.Data"右侧的"展开"按钮，单击"确定"按钮，如图6-40所示。

图 6-40　再展开

➡️**Step 08** 这时已默认选好了需要保留的列，就是有颜色填充的这些列。我们要做的是删除不需要的列。把光标放在有颜色填充的列上，右击，在弹出的快捷菜单中选择"删除其他列"命令，如图6-41所示。

图 6-41　选择"删除其他列"命令

➡️**Step 09** 现在的内容是没有标题的，显示成Column1、Column2的样子。单击"将第一行用作标题"按钮，如图6-42所示。

图 6-42　将第一行用作标题

设置好以后，第一行的标题就显示正常了，如图6-43所示。

	ABC 123 日期	A^B_C 番号	ABC 123 人员	ABC 123 出货数	ABC 123 检查数	ABC 123 不良数
1	2010-02-15	49416	5	60	32	0
2	2010-02-16	49751	5	120	32	0
3	2010-02-17	49781	5	100	32	0
4	2010-02-18	49791	5	100	32	0
5	2010-02-19	49711	5	140	32	0
6	2010-02-20	47971	5	120	32	0
7	2010-02-21	49321	5	120	32	0
8	2010-02-22	49306	5	200	32	0
9	2010-02-23	94118	5	200	32	0
10	2010-02-24	49491	5	120	32	0
11	2010-02-25	S4835003	5	60	32	0
12	2010-06-21	49476	3	120	32	0
13	2010-06-22	49471	3	120	32	0
14	2010-06-23	49491	3	240	32	1
15	2010-06-24	47981	3	120	32	0

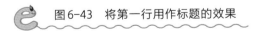
图6-43　将第一行用作标题的效果

➡️Step 10 用这种方法合并，相当于把内容直接复制过来，会存在多个标题，我们只需保留第一个标题即可。单击"日期"的筛选按钮，取消对标题也就是"日期"的勾选，单击"确定"按钮，如图6-44所示。

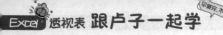

图 6-44　取消多余的标题筛选

在Power Query中，取消筛选就相当于在工作表中将多余的日期删除，剩下的数据就是我们需要统计的数据。

➡Step 11 观察一下"番号"这一列，有长字符串，也有0开头的数字。很明显，这一列是文本，为了避免合并后出错，我们还是要确定一下是不是文本。选中这一列，在"数据类型"下拉列表框中可以看到类型确实是文本。如果选中这一列，看到数据类型不是文本，则要设置为文本，如图6-45所示。

图 6-45　确认"番号"格式

➡️Step 12 同样的方法，选中"日期"这一列，在"数据类型"下拉列表框中将其设置为"日期"格式，如图6-46所示。

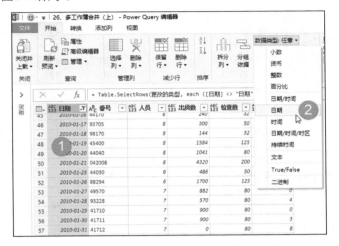

图 6-46　设置"日期"格式

这样做，是为了避免合并后格式出错。

➡️Step 13 完成设置后，单击"关闭并上载"按钮，如图6-47所示。

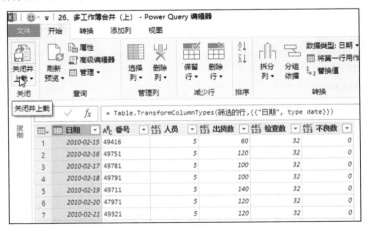

图 6-47　关闭并上载

这样就将所有工作簿导入Excel中了，如图6-48所示。

	A	B	C	D	E	F
1	日期	番号	人员	出货数	检查数	不良数
2	2010-2-15	49416	5	60	32	0
3	2010-2-16	49751	5	120	32	0
4	2010-2-17	49781	5	100	32	0
5	2010-2-18	49791	5	100	32	0
6	2010-2-19	49711	5	140	32	0
7	2010-2-20	47971	5	120	32	0
8	2010-2-21	49321	5	120	32	0
9	2010-2-22	49306	5	200	32	0
10	2010-2-23	94118	5	200	32	0
11	2010-2-24	49491	5	120	32	0
12	2010-2-25	S4835003	5	60	32	0
13	2010-6-21	49476	3	120	32	0
14	2010-6-22	49471	3	120	32	0
15	2010-6-23	49491	3	240	32	1
16	2010-6-24	47981	3	120	32	0
17	2010-6-25	47986	3	120	32	0

图 6-48　最终效果

如果要返回Power Query编辑器界面，选择表格中的任意单元格，在"查询工具/查询"选项中单击"编辑"按钮，如图6-49所示。

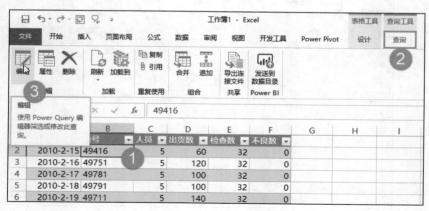

图 6-49　单击"编辑"按钮

打开Power Query编辑器，在右侧的"查询设置"窗格中可以看到"应用的步骤"栏中记录了每一个操作步骤。如果删除某个步骤，就会返回到这个步骤之前的状态，如图6-50所示。

图 6-50　应用的步骤

在此只是说明其用法，实际上我们不需要删除任何步骤。直接单击"关闭并上载"按钮，返回到Excel界面。

使用Power Query的好处是，在文件夹中增加或删除工作簿，合并表中的数据也会随之更新。

 6.2.4 轻松合并多个文件夹内多个工作簿

下面继续讲解如何借助Power Query实现多工作簿的合并。接6.2.3小节的案例，现在这3个工作簿分别存放在2个不同的文件夹中，要合并这3个工作簿，如图6-51所示。

➡Step 01 新建一个工作簿，在"数据"选项卡中单击"新建查询"下拉按钮，在弹出的下拉列表中选择"从文件"→"从文件夹"命令，如图6-52所示。

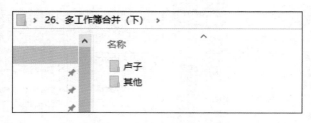

图 6-51　不同文件夹

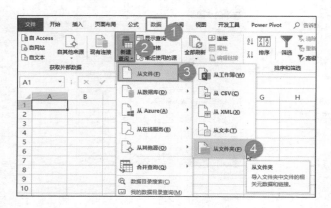

图 6-52　新建查询

➡Step 02 在弹出的"文件夹"窗口中浏览找到那两个文件夹的存放位置，选择上一级文件夹，就意味着把这两个文件夹都选中了；然后单击"确定"按钮，如图6-53所示。

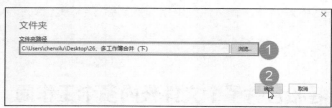

图 6-53　浏览找到指定文件夹

➡Step 03 在弹出的窗口中，我们可以看到需要合并的这3个工作簿，保持默认不变，单击"编辑"按钮，如图6-54所示。

图 6-54 单击"编辑"按钮

➡️Step 04 打开Power Query编辑器，其工作界面和6.2.3小节借助Power Query实现多工作簿合并的界面一样，操作也差不多，在"添加列"选项卡中单击"自定义列"按钮。

弹出"自定义列"窗口，在"自定义列"公式文本框中输入以下公式，单击"确定"按钮，如图6-55所示。

=Excel.Workbook([Content])

这里强调一下，这个公式也可以这么写：

=Excel.Workbook([Content],true)

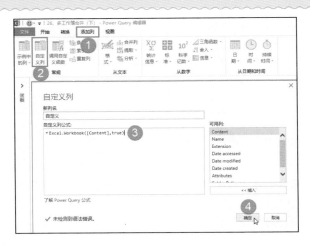

图 6-55 自定义列

什么意思呢?

如果直接输入原来的公式"=Excel.Workbook([Content])",那么在后面的编辑器界面中数据将不包含标题,而且存在重复标题行。在后续的操作中,需要把第一行设置为标题,并且去掉重复的标题行。

如果输入"=Excel.Workbook([Content],true)",那么在后面的编辑器界面中数据将包含标题,而且不存在重复标题行。

在这个公式中,第二个参数如果输入false或不输入任何内容,就代表没有标题。

➡Step 05 在此只需保留"自定义"列,其他的列不需要。如图6-56所示,选中"自定义"列,右击,在弹出的快捷菜单中选择"删除其他列"命令,这样就只保留了"自定义"列。

图 6-56　删除其他列 1

➡Step 06 如果想知道合并后的数据是来源于哪个工作簿的,就还需要保留Name这一列。

选中"自定义"列,按住Ctrl键的同时选中Name这一列,右击,在弹出的快捷菜单中选择"删除其他列"命令,如图6-57所示。

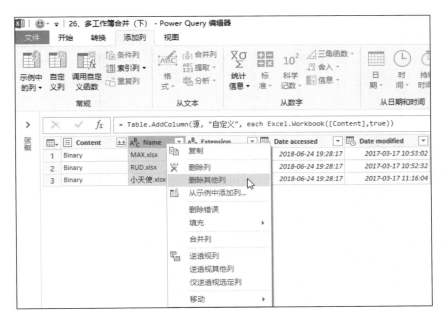

图 6-57　删除其他列 2

这样就保留了"自定义"列和Name列，如图6-58所示。

图 6-58　保留的列

➡Step 07 单击"自定义"列右侧的"展开"按钮，在弹出的对话框中取消勾选"使用原始列名作为前缀"复选框，单击"确定"按钮。

如果保持勾选该复选框，直接单击"确定"按钮，看一下效果是什么样的，如图6-59所示。

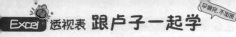

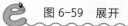

图 6-59　展开

这时候，每一列的标题都以"自定义"开头，如图6-60所示。所以说，最好是取消勾选"使用原始列名作为前缀"复选框。

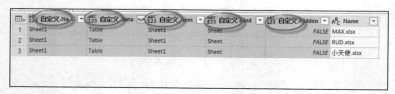

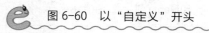

图 6-60　以"自定义"开头

好了，刚才这一步是演示保持勾选的效果，实际上是不需要的。我们删除这一步操作，如图6-61所示。

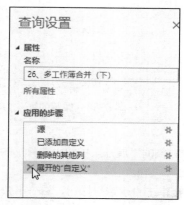

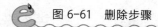

图 6-61　删除步骤

重新单击"展开"按钮，在弹出的对话框中取消勾选"使用原始列名作为前缀"复选框，单击"确定"按钮，如图6-62所示。

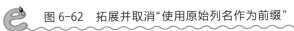
图 6-62　拓展并取消"使用原始列名作为前缀"

➡Step 08 单击**Data**右侧的"展开"按钮，在弹出的对话框中保持默认不变，单击"确定"按钮，如图6-63所示。

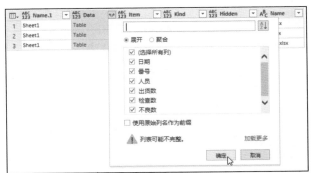

图 6-63　展开 Data

➡Step 09 此时**Power Query** 界面中默认选中了这几列，也正好是工作簿中的所有列。刚刚我们说，还想知道合并后数据是属于哪个工作簿的，就还需要选中**Name**这一列，然后右击，在弹出的快捷菜单中选择"删除其他列"命令，如图6-64所示。

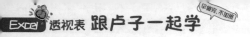

图 6-64　删除其他列 3

➡Step 10 接下来，把"日期"这一列设置为"日期"格式，如图6-65所示。

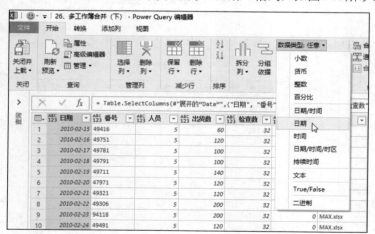

图 6-65　设置"日期"格式

➡Step 11 之前"自定义"列曾提到第二个参数是true的那个公式，数据包含标题，且不存在重复标题。在此可以检验一下。比如，单击"日期"列的"筛选"按钮，可以看到下拉列表中都是日期，没有文字标题，如图6-66所示。

图 6-66 确认是否有多余的标题

⇒Step 12 单击"关闭并上载"按钮，如图6-67所示。

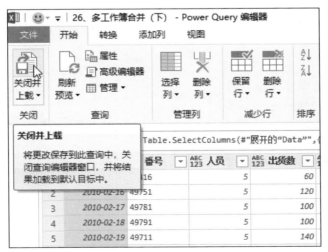

图 6-67 关闭并上载

这样就完成了合并，如图6-68所示。

	A	B	C	D	E	F	G
1	日期	番号	人员	出货数	检查数	不良数	Name
2	2010-2-15	49416	5	60	32	0	MAX.xlsx
3	2010-2-16	49751	5	120	32	0	MAX.xlsx
4	2010-2-17	49781	5	100	32	0	MAX.xlsx
5	2010-2-18	49791	5	100	32	0	MAX.xlsx
6	2010-2-19	49711	5	140	32	0	MAX.xlsx
7	2010-2-20	47971	5	120	32	0	MAX.xlsx
8	2010-2-21	49321	5	120	32	0	MAX.xlsx
9	2010-2-22	49306	5	200	32	0	MAX.xlsx
10	2010-2-23	94118	5	200	32	0	MAX.xlsx
11	2010-2-24	49491	5	120	32	0	MAX.xlsx
12	2010-2-25	S4835003	5	60	32	0	MAX.xlsx
13	2010-6-21	49476	3	120	32	0	MAX.xlsx
14	2010-6-22	49471	3	120	32	0	MAX.xlsx
15	2010-6-23	49491	3	240	32	1	MAX.xlsx
16	2010-6-24	47981	3	120	32	0	MAX.xlsx
17	2010-6-25	47986	3	120	32	0	MAX.xlsx

图 6-68　合并后最终效果

6.2.5　合并多个工作簿中的指定工作表的最简单的方法 ✦

前面讲解了如何借助Power Query合并多个工作簿，下面介绍合并多个工作簿中的指定工作表。

听上去似乎很难，可是对于Excel 2016来说，这种问题简直太小儿科了，分分钟就可以搞定。

下面还是结合案例来讲解。

某个文件夹中含有3个工作簿，打开后可以看到每个工作簿都有2张工作表，分别是Sheet1和Sheet2，每个Sheet1的格式、字段都一样。每个Sheet2的格式、字段也都一样，如图6-69所示。

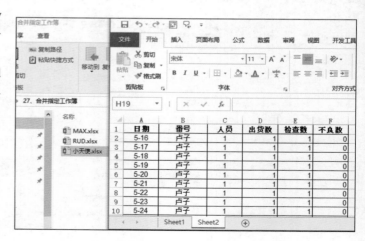

图 6-69　格式相同的多个工作簿多张工作表

假设要合并每个工作簿中的Sheet2，具体操作步骤如下。

➡️Step 01 我们先关闭这些工作簿，新建一个工作簿。在"数据"选项卡中单击"新建查询"下拉按钮，在弹出的快捷菜单中选择"从文件"→"从文件夹"命令，如图6-70所示。

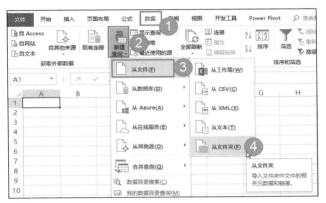

图 6-70　新建查询

➡️Step 02 在弹出的"文件夹"窗口中浏览找到文件夹的存放位置，单击"确定"按钮，如图6-71所示。

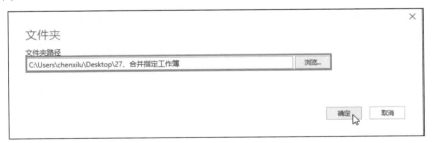

图 6-71　浏览找到指定文件夹

在弹出的窗口中，可以看到具体内容与前面多工作簿合并时的窗口内容是一样的，如图6-72所示。

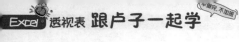

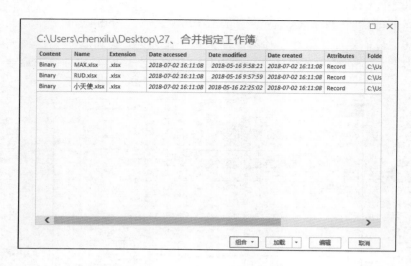

图 6-72 "合并指定工作簿"窗口

区别是什么？

➡️Step 03 多工作簿合并时，是单击"编辑"按钮，而这里是单击"组合"下拉按钮，在弹出的下拉列表中选择"合并和加载"选项，如图6-73所示。

图 6-73 选择"合并和加载"选项

➡Step 04 在弹出的"合并文件"窗口中因为我们要合并所有工作簿中的Sheet2，所以选择Sheet2，然后单击"确定"按钮，如图6-74所示。

图 6-74　合并 Sheet2

这样就将指定表格合并在一起了，如图6-75所示。

	A	B	C	D	E	F	G
1	Source.Name ▼	日期 ▼	番号 ▼	人员 ▼	出货数 ▼	检查数 ▼	不良数 ▼
2	MAX.xlsx	2010-2-15	49416	5	60	32	0
3	MAX.xlsx	2010-2-16	49751	5	120	32	0
4	MAX.xlsx	2010-2-17	49781	5	100	32	0
5	MAX.xlsx	2010-2-18	49791	5	100	32	0
6	MAX.xlsx	2010-2-19	49711	5	140	32	0
7	RUD.xlsx	2010-1-12	98123	8	120	32	0
8	RUD.xlsx	2010-1-13	98123	8	420	50	0
9	RUD.xlsx	2010-1-14	98124	8	300	50	0
10	RUD.xlsx	2010-1-15	98124	8	120	32	0
11	RUD.xlsx	2010-1-16	44170	8	240	32	0
12	RUD.xlsx	2010-1-17	93705	8	300	50	0
13	小天使.xlsx	2018-5-16	卢子	1	1	1	0
14	小天使.xlsx	2018-5-17	卢子	1	1	1	0
15	小天使.xlsx	2018-5-18	卢子	1	1	1	0
16	小天使.xlsx	2018-5-19	卢子	1	1	1	0

图 6-75　合并 Sheet2 后效果

用同样的方法，我们合并所有工作簿中的Sheet1。

➡Step 01 回到空白的工作表，在"数据"选项卡中单击"新建查询"下拉按钮，在弹出的快捷菜单中选择"从文件"→"从文件夹"命令，如图6-76所示。

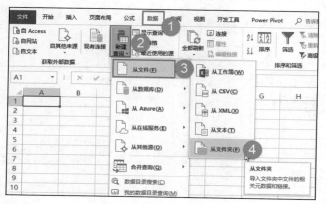

图 6-76　新建查询

➡Step 02 在弹出的"文件夹"窗口中浏览找到文件夹的存放位置，单击"确定"按钮，如图6-77所示。

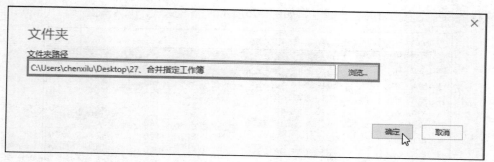

图 6-77　浏览找到指定文件夹

➡Step 03 在弹出的窗口中单击"组合"下拉按钮，在弹出的下拉列表中选择"合并和加载"选项，如图6-78所示。

图 6-78　选择"合并和加载"选项

➡Step 04 在弹出的"合并文件"窗口中选择Sheet1，然后单击"确定"按钮，如图6-79所示。

图 6-79　合并 Sheet1

这样就完成了合并，如图6-80所示。是不是很方便？

	Source.Name	日期	番号	人员	出货数	检查数	不良数
2	MAX.xlsx	2010-2-15	49416	5	60	32	0
3	MAX.xlsx	2010-2-16	49751	5	120	32	0
4	MAX.xlsx	2010-2-17	49781	5	100	32	0
5	MAX.xlsx	2010-2-18	49791	5	100	32	0
6	MAX.xlsx	2010-2-19	49711	5	140	32	0
7	MAX.xlsx	2010-2-20	47971	5	120	32	0
8	MAX.xlsx	2010-2-21	49321	5	120	32	0
9	MAX.xlsx	2010-2-22	49306	5	200	32	0
10	MAX.xlsx	2010-2-23	94118	5	200	32	0
11	MAX.xlsx	2010-2-24	49491	5	120	32	0
12	MAX.xlsx	2010-2-25	S4835003	5	60	32	0
13	MAX.xlsx	2010-6-21	49476	3	120	32	0
14	MAX.xlsx	2010-6-22	49471	3	120	32	0
15	MAX.xlsx	2010-6-23	49491	3	240	32	1
16	MAX.xlsx	2010-6-24	47981	3	120	32	0

图 6-80　合并 Sheet1 后效果

这个功能在旧版本的Excel中是没有的，如果要合并指定工作表，只能借助前面的多工作簿合并方法，将全部工作簿合并以后再通过筛选解决。

 **6.2.6　不规范多工作簿整理合并**

前面介绍了多工作簿合并以及多工作簿中指定工作表的合并方法，下面来看一个案例，这个案例将解决读者提出来的一个问题，如何将不规范的工作簿合并统计。

直接来看是怎么回事。

某个文件夹中包含3个工作簿，打开后可以看到，每一个工作簿都有应收账款，但是名称不同，现在要合并统计每个工作簿中应收账款的数据，如图6-81所示。

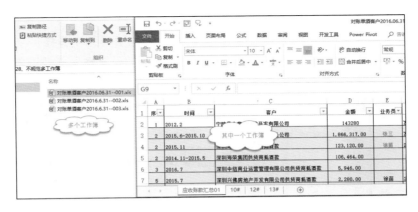

图 6-81　不规范工作簿

能用6.2.5小节所讲的合并多个工作簿中指定工作表的方法吗？不行，因为应收账款表的命名不一样，进行合并操作时没办法指定。

另外，每张应收账款表的数据都非常乱。比如，日期不规范，没办法统一日期格式；姓名有的空白，有的有数据；序号还存在无关的内容，有的左对齐，有的居中；金额的格式不统一等，如图6-82所示。

	A	B	C	D	E	F
1	序	时间	客户	金额	业务员	备注
41	肉		供货商抵肉	800		
42	12	2015.1	深圳海悦物业管理有限公司	4950		发票已开
43	12	2016.2	深圳海悦物业管理有限公司	14504		发票已开
44	12	2016.2	深圳鑫港物业管理有限公司	4292		发票已开
45	12	2015.1	深圳鑫港物业管理有限公司	5940		发票已开
46	13	2014.1	广州新时空装饰装修供货商抵酒款	1,225,800.00	徐苗	
47	13	2015.1-2015.9	广州新时空装饰装修供货商抵酒款	1,076,946.00	徐苗	990259+27638+3000
48	18	2016.7	广州泰岭皇冠实业有限公司皇冠酒店	44,880.00	同强	发票已开2017.7
49	18	2016.8	广州泰岭皇冠实业有限公司皇冠酒店	23,760.00	同强	发票已开2017.7
50	18	2017.3	广州泰岭皇冠实业有限公司皇冠酒店	73,560.00	同强	发票已开2017.7
51	18	2017.7-2017.8	广州泰岭皇冠实业有限公司皇冠酒店	41,190.78	同强	发票已开2017.12
52	19	2017.4	深圳海侠物业服务有限公司	28,440.00	李四	发票已开2017.7
53	19	2017.9	深圳海侠物业服务有限公司	51,192.00	李四	发票已开2017.10
54	19	2017.12	深圳海侠物业服务有限公司	74,028.00	李四	发票已开2017.12

图 6-82　各种各样的问题

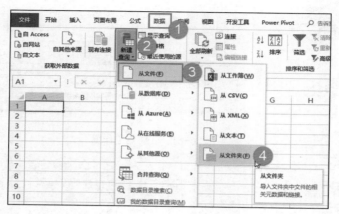

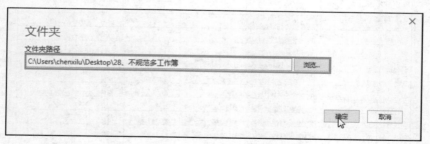 透视表 跟卢子一起学

这种表，怎么合并呢？

⇒Step 01 我们先关闭这些工作簿，在这个文件夹之外新建一个工作簿。在"数据"选项卡中单击"新建查询"下拉按钮，在弹出的快捷菜单中选择"从文件"→"从文件夹"命令，如图6-83所示。

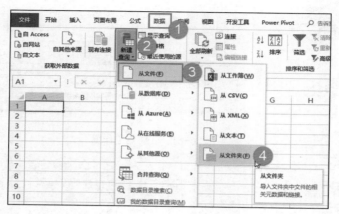

图 6-83 新建查询

⇒Step 02 在弹出的"文件夹"窗口中浏览找到文件夹的存放位置，单击"确定"按钮，如图6-84所示。

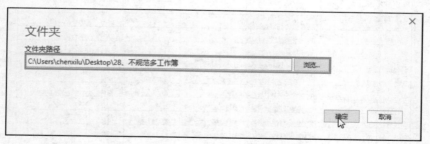

图 6-84 浏览找到指定文件夹

⇒Step 03 在弹出的窗口中显示的就是要合并的工作簿，单击"编辑"按钮，如图6-85所示。

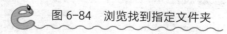

图 6-85　单击"编辑"按钮

➡Step 04 打开Power Query编辑器，在"添加列"选项卡中单击"自定义列"按钮，弹出"自定义列"窗口，在"自定义列公式"文本框中输入以下公式，单击"确定"按钮，如图6-86所示。

=Excel.Workbook([Content],true)

这个公式的意思就是将文件夹中的全部Excel工作簿放入编辑器中，并保留标题。
注意，大小写字符要和笔者输入的完全一致。

图 6-86　自定义列公式

这种表，数据比较乱，运算过程稍微有点长。

➡️Step 05 我们只需保留"自定义"列，其他的列不需要。如图6-87所示，选中"自定义"列，右击，选择"删除其他列"命令，这样就只保留了"自定义"列。

图 6-87　删除其他列

➡️Step 06 单击"自定义"列右侧的"展开"按钮，在弹出的对话框中取消勾选"使用原始列名作为前缀"复选框，单击"确定"按钮，如图6-88所示。

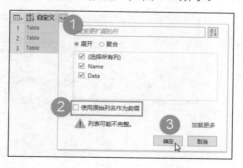

图 6-88　展开

➡Step 07 由于我们要统计的是每个工作簿中的应收账款表，因此，在Name这一列，取消勾选除应收账款外的那些乱七八糟数据，单击"确定"按钮，如图6-89所示。

图 6-89　取消无关的表格筛选

➡Step 08 单击Data右侧的"展开"按钮，在弹出的对话框中取消勾选没有标题的列，单击"确定"按钮，如图 6-90所示。

图 6-90　展开数据

➡Step 09 单击"序号"列的"筛选"按钮,取消对空单元格的勾选,单击"确定"按钮,如图6-91所示。

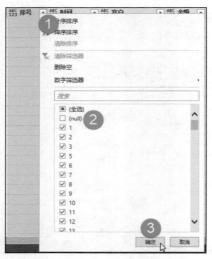

图 6-91　取消勾选

再观察一下,这里有很多重复序号值,很明显是因为数据源中的序号是胡乱输入的,如图6-92所示。

序号	时间	客户	金额	业务员
1	2012.2	宁陕县金皇冠旅游开...	143280	null
2	2015.6-2015.10	深圳海荣集团房地产...	1866317	张三
2	2015.11	深圳海荣集团供货商...	123120	徐苗
2	2014.11-2015.5	深圳海荣集团供货商...	106464	null
3	2016.7	深圳中纽商业运营管...	5946	null
5	2015.7	深圳兴佛房地产开发...	2280	徐苗
5	2016.1	深圳兴佛房地产开发...	29172	null
6	2015.2	深圳海荣投资供货抵...	1580	徐苗
7	null	深圳海荣投资酒款	null	徐苗
7	2016.1-2016.3	深圳海荣投资供货抵...	194860	徐苗
8	2014.3-2014.5	深圳天汉投资有限公司	44520	徐苗
9	2014.7-2014.11	深圳天汉投资有限公司	37905	徐苗
10	2014.1-2015.2	陕深圳得房地产供货...	162704	徐苗
10	2016.1	陕深圳得房地产供货...	268460	null
10	2016.6--2016.7	陕深圳得房地产开发...	11268	null
10	2017.10	陕深圳得房地产开发...	7560	李四
11	2015.1-2015.5	深圳北斗物业有限责...	369699	王五
12	2015.1-2015.2	深圳北斗物业有限责...	397744	王五
12	2015.10	深圳北斗物业有限责...	95415	王五
12	2015.12	深圳北斗物业有限责...	11988	王五

图 6-92　重复的序号值

现在我们修改序号，怎么改呢？

➡Step 10 在"添加列"选项卡中单击"索引列"下拉按钮，在弹出的下拉列表中选择"从1"选项，这样就可以获取从1开始的新序号，如图6-93所示。

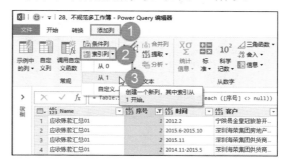

图 6-93 添加索引列

➡Step 11 选择原来的"序号"列，右击，在弹出的快捷菜单中选择"删除"命令，如图6-94所示。

图 6-94 删除原来的"序号"列

➡Step 12 选中"索引"这一列，右击，在弹出的快捷菜单中选择"移动"→"移到开头"命令，如图6-95所示。

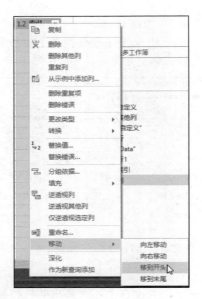

图 6-95　选择"移动"→"移到开头"命令

这里的日期已经乱到没办法处理了，简直无可救药了。在此暂时不去动它，在后文中将介绍对不规范日期的处理。

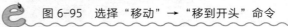Step 13 选择"金额"这一列，将"数据类型"改成"整数"，如图6-96所示。

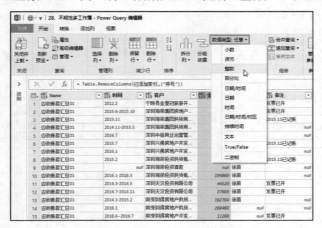

图 6-96　更改"金额"的"数据类型"为"整数"

应收账款，最重要的是客户名称、金额、日期，能整理的我们都整理好了。

➡️Step 14 单击"关闭并上载"按钮，如图6-97所示。

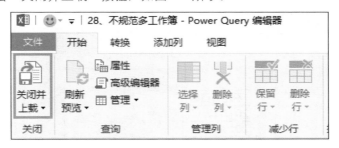

图 6-97　关闭并上载

这样就完成了合并统计，如图6-98所示。

	A	B	C	D	E
1	索引	Name	时间	客户	金额
2	1	应收账款汇总01	2012.2	宁陕县金皇冠旅游开发有限公司	143280
3	2	应收账款汇总01	2015.6-2015.10	深圳海荣集团房地产有限公司	1866317
4	3	应收账款汇总01	2015.11	深圳海荣集团供货商抵酒款	123120
5	4	应收账款汇总01	2014.11-2015.5	深圳海荣集团供货商抵酒款	106464
6	5	应收账款汇总01	2016.7	深圳中纽商业运营管理有限公司供货商抵酒款	5946
7	6	应收账款汇总01	2015.7	深圳兴佛房地产开发有限公司供货商抵酒款	2280
8	7	应收账款汇总01	2016.1	深圳兴佛房地产开发有限公司供货商抵酒款	29172
9	8	应收账款汇总01	2015.2	深圳海荣投资供货抵酒款	1580
10	9	应收账款汇总01		深圳海荣投资酒款	
11	10	应收账款汇总01	2016.1-2016.3	深圳海荣投资供货抵酒款	194860
12	11	应收账款汇总01	2014.3-2014.5	深圳天汉投资有限公司	44520
13	12	应收账款汇总01	2014.7-2014.11	深圳天汉投资有限公司	37905
14	13	应收账款汇总01	2014.1-2015.2	陕深圳得房地产供货商抵酒款	162704
15	14	应收账款汇总01	2016.1	陕深圳得房地产供货商抵酒款	268460

图 6-98　最终效果

6.2.7　强大的日期转换功能

接6.2.6小节的内容，下面介绍日期的处理。

很多同学对日期格式没概念，在Excel中随心所欲地胡乱输入日期，这样的行为对后续数据的处理会造成很大的麻烦。在"Excel不加班"的公众号中多次分享过关于日期不规范造成的恶劣后果的文章，在前面的课程中也给大家演示过使用不规范日期在创建数据透视表后无法按日期自动组合的案例。

什么是规范日期呢？就是以英文状态下的"-"或者"/"作为年月日的分隔符的日期。这一点很重要，一定要记住。

接下来，我们来看看如何将不规范日期转换为规范日期。

如图6-99所示，这是不规范日期。像这种日期还算好的，转换的方法也很简单，通常有两种。

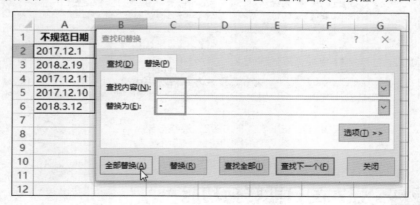

图 6-99　不规范日期 1

第一种：替换方法。可以选中这一列，按Ctrl+H组合键，在弹出的"查找和替换"对话框中设置"查找内容"为"."，"替换为"为"-"，单击"全部替换"按钮，如图6-100所示。

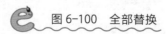

图 6-100　全部替换

在弹出的提示对话框中单击"确定"按钮，然后关闭"查找和替换"对话框，如图6-101所示。

这样就完成了转换，如图6-102所示。

图 6-101　关闭对话框

图 6-102　转换后效果

第二种：使用分列。我们返回最开始的状态，选中这一列，在"数据"选项卡中单击"分列"按钮，在弹出的向导1对话框中保持默认不变，单击"下一步"按钮，如图6-103所示。

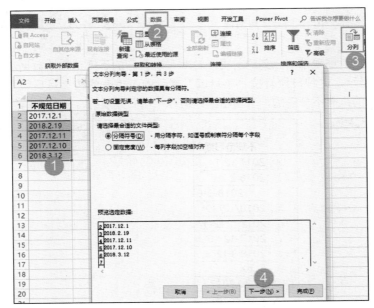

图 6-103　分列

 Excel 透视表 跟卢子一起学

在弹出的向导2对话框中单击"下一步"按钮，如图6-104所示。

在弹出的向导3对话框中选择"日期"格式，单击"完成"按钮，如图6-105所示。

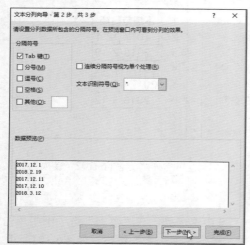

图 6-104　向导 2 对话框

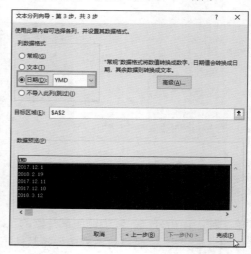

图 6-105　设置"日期"格式

但是，分列也有局限性，分列的前提是针对可以分列的不规范日期数据。

如图6-106所示，这种日期有按"年月日"展示的，也有的按"月日年"展示的，还有的按"月日"展示的；有不分隔的，有空格的，有以"-/."分隔的，五花八门的格式都有。

	A	B	C
1	**不规范日期**		
2	2017 12 1		
3	2018.2.19		
4	2018-3-8		
5	2018/12/29		
6	2017　　12-1		
7	2017-12 10		
8	2018 3 12		
9	5-20		
10	12.30.2017		
11	2.12.2018		
12			
13			

图 6-106　不规范日期 2

这种日期，既不能用替换的方法，也无法分列。

针对这种格式极其混乱、严重不规范的日期格式，我们可以借助Power Query将不规范日期转换为规范日期。

➡️Step 01 选择日期单元格，在"数据"选项卡中单击"从表格"按钮，在弹出的"创建表"对话框中单击"确定"按钮，如图6-107所示。

➡️Step 02 打开Power Query编辑器，在"数据类型"下拉列表框中可以看到格式为"任意"，我们选择"日期"，如图6-108所示。

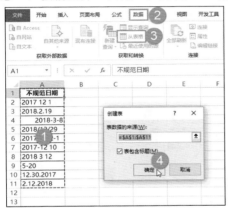

图 6-107　从表格

图 6-108　更改数据类型

➡️Step 03 此时标题改为规范日期，如图6-109所示。看，这样就转换好了，非常智能。

规范日期
1	2017-12-01
2	2018-02-19
3	2018-03-08
4	2018-12-29
5	2017-12-01
6	2017-12-10
7	2018-03-12
8	2018-05-20
9	2017-12-30
10	2018-02-12

图 6-109　更改标题

➡️Step 04 单击"关闭并上载"按钮，如果想放在当前工作表，可以选择"关闭并上载至"命令，如图6-110所示。

➡️Step 05 在弹出的"加载到"对话框中选择"现有工作表"单选按钮，位置可以用鼠标选，也可以直接输入，然后单击"加载"按钮，如图6-111所示。

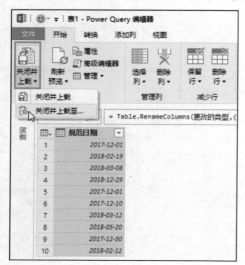

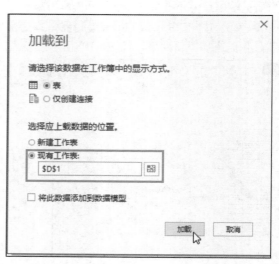

 图 6-110 关闭并上载至

 图 6-111 选择存放位置

这样就完成了转换，如图6-112所示。

	A	B	C	D	E
1	不规范日期			规范日期	
2	2017 12 1			2017-12-1	
3	2018.2.19			2018-2-19	
4	2018-3-8			2018-3-8	
5	2018/12/29			2018-12-29	
6	2017　12-1			2017-12-1	
7	2017-12 10			2017-12-10	
8	2018 3 12			2018-3-12	
9	5-20			2018-5-20	
10	12.30.2017			2017-12-30	
11	2.12.2018			2018-2-12	
12					
13					

 图 6-112 转换后效果

现在新增2条不规范日期的记录，右击，在弹出的快捷菜单中选择"刷新"命令，如图6-113所示。

图 6-113　新增不规范日期

刷新后，系统就会智能地将不规范日期转换成规范日期，如图6-114所示。

图 6-114　智能更改

总结一下，使用Power Query的好处是能智能地将各种不规范日期转换为规范日期。

6.2.8 智能填充合并单元格内容

如图6-115所示，这是一份各部门明细表。假设要统计各部门的工资数据，如果直接用数据透视表会出现问题，这在前面的课程中我们也介绍过。

	A	B	C	D
1	部门	姓名	性别	工资
2		左建华	女	7300
3		纪学兰	女	6000
4		杨秀平	女	5400
5		祁友平	女	4900
6		陈国利	男	4400
7		陈爱文	女	3800
8	包装	郝晓花	女	3400
9		李焕英	女	2400
10		李志红	男	2300
11		弓连才	女	2000
12		姚荣国	男	1900
13		杨兆红	女	1700
14		史阳阳	女	1400
15		李贵然	男	1400
16		葛民福	男	5100
17		郭玉英	女	3700
18		田玉清	男	3300
19	生产	张国荣	女	2500
20		杨林蓉	男	2300

 图 6-115 合并单元格的数据源

现在介绍一下常规处理方法。

➡ Step 01 选择合并的单元格区域，单击"合并后居中"下拉按钮，在弹出的下拉列表中选择"取消单元格合并"命令，如图6-116所示。

图 6-116 选择"取消单元格合并"命令

➡Step 02 按F5键，在弹出的"定位"对话框中单击"定位条件"按钮，如图6-117所示。

图 6-117 单击"定位条件"按钮

⇨Step 03 在弹出的"定位条件"对话框中选中"空值"单选按钮，单击"确定"按钮，如图6-118所示。

⇨Step 04 输入"=",用鼠标单击上一个单元格，再按Ctrl+Enter组合键，如图6-119所示。

图 6-118　定位空值

图 6-119　填充公式

如图6-120所示，这样就将单元格填充上内容了。这里的步骤比较多，有很多新手操作时没注意小细节，往往会失败。细节很重要。

图 6-120　填充后效果

现在就可以正常创建数据透视表了。选择数据源中任意单元格，在"插入"选项卡中单击"数据透视表"按钮，在弹出的对话框中保持默认不变，单击"确定"按钮，如图6-121所示。

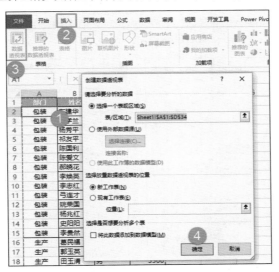

图 6-121　创建数据透视表

把"部门"字段拖到"行"，"工资"字段拖到"值"，搞定了，如图6-122所示。

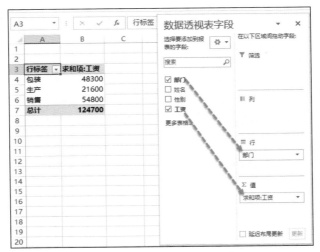

图 6-122　统计每个部门的工资

在此提供另外一种处理合并单元格的方法，借助Power Query 进行智能填充。

➡Step 01 返回到最开始的数据源，选择任意一个数据单元格，在"数据"选项卡中单击"从表格"按钮，在弹出的对话框中保持默认不变，单击"确定"按钮，如图6-123所示。

➡Step 02 在Power Query编辑器中，在"转换"选项卡中单击"填充"下拉按钮，在弹出的下拉列表中选择"向下"选项，如图6-124所示。

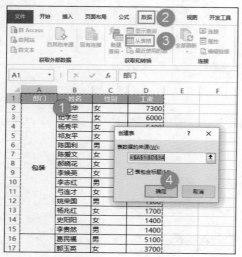
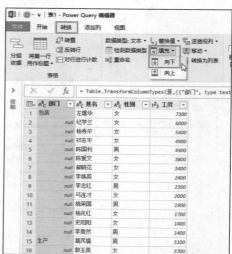

图 6-123　从表格

图 6-124　向下填充

如图 6-125所示，瞬间就将内容填充好了，是不是很神奇？

	ABC 部门	ABC 姓名	ABC 性别	1²3 工资
1	包装	左建华	女	7300
2	包装	纪学兰	女	6000
3	包装	杨秀平	女	5400
4	包装	祁友平	女	4900
5	包装	陈国利	男	4400
6	包装	陈爱文	女	3800
7	包装	郝晓花	女	3400
8	包装	李焕英	女	2400
9	包装	李志红	女	2300
10	包装	弓连才	女	2000
11	包装	姚荣国	男	1900
12	包装	杨兆红	女	1700
13	包装	史阳阳	女	1400
14	包装	李贵然	男	1400
15	生产	葛民福	男	5100
16	生产	郭玉英	女	3700
17	生产	田玉青	男	3300

图 6-125　填充后效果

➡Step 03 单击"关闭并上载"按钮，如图6-126所示。

图 6-126 关闭并上载

这样就可以创建数据透视表了。

6.2.9 借助 Power Query 合并多个"记事本"文件，一劳永逸 ★

前面讲解了借助Power Query实现多工作簿合并的方法，下面介绍如何借助Power Query实现多个"记事本"文件的合并。

如图6-127所示，这个文件夹中有3个"记事本"文件。打开后可以看到，它们格式都一样，字段也一样，现在要把这些数据放在Excel中合并统计。

➡Step 01 新建一个工作簿，在"数据"选项卡中单击"新建查询"下拉按钮，在弹出的下拉列表中选择"从文件"→"从文件夹"命令，如图6-128所示。

日期	番号	人员	出货数	检查数	不良数	
2010-11-14	93657	5	702	710		8
2010-11-29	93657	4	601	616		15
2010-11-30	40061	4	224	240		16

小天使.txt - 记事本
文件(F) 编辑(E) 格式(O) 查看(V) 帮助(H)

MAX.txt - 记事本
文件(F) 编辑(E) 格式(O) 查看(V) 帮助(H)

日期	番号	人员	出货数	检查数	不良数	
2010-2-15	49416	5	60	32	0	
2010-2-16	49751	5	120	32	0	

RUD.txt - 记事本
文件(F) 编辑(E) 格式(O) 查看(V) 帮助(H)

日期	番号	人员	出货数	检查数	不良数	
2010-1-12	98123	8	120	32	0	
2010-1-13	98123	8	420	50	0	
2010-1-14	98124	8	300	50	0	
2010-1-15	98124	8	120	32	0	
2010-1-16	44170	8	240	32	0	
2010-1-17	93705	8	300	50	0	
2010-1-18	98170	8	144	32	0	
2010-1-19	45400	8	1584	125	0	
2010-1-20	44040	8	1041	80	0	
2010-1-21	042008	8	4320	200	0	
2010-1-25	44030	6	486	50	2	

图 6-127　格式相同的多个"记事本"文件

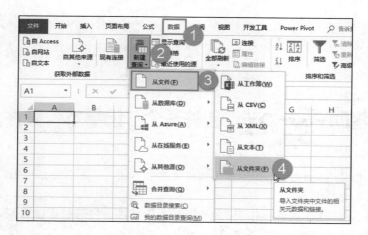

图 6-128　新建查询

➡Step 02 在弹出的"文件夹"窗口中浏览找到该文件夹的存放位置，单击"确定"按钮，如图6-129所示。

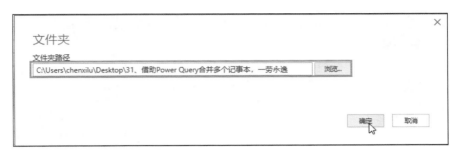

图 6-129　浏览找到文件夹路径

Step 03 在弹出的窗口中保持默认不变，单击"编辑"按钮，如图6-130所示。

C:\Users\chenxilu\Desktop\31、借助Power Query合并多个记事本，一劳永逸

Content	Name	Extension	Date accessed	Date modified	Date created	Attributes	Folder Path
Binary	MAX.txt	.txt	2018-07-11 9:58:55	2018-05-15 19:37:25	2018-07-11 9:58:55	Record	C:\Users\chenxi
Binary	RUD.txt	.txt	2018-07-11 9:58:55	2018-05-15 19:38:09	2018-07-11 9:58:55	Record	C:\Users\chenxi
Binary	小天使.txt	.txt	2018-07-11 9:58:55	2018-05-15 19:36:01	2018-07-11 9:58:55	Record	C:\Users\chenxi

图 6-130　单击"编辑"按钮

Step 04 打开Power Query编辑器，单击Content右侧的"合并文件"按钮，如图6-131所示。

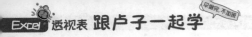

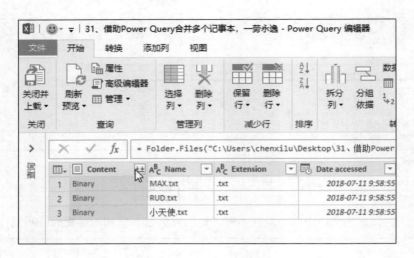

图 6-131　合并文件

Step 05 在弹出的"合并文件"窗口中可以预览到合并的数据，直接单击"确定"按钮，如图6-132所示。

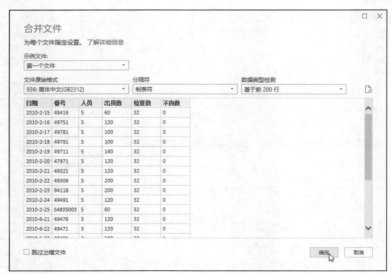

图 6-132　合并文件预览

➡Step 06 打开**Power Query**界面与多工作簿合并时的界面有个不同的地方，已默认将第一行设置为标题了，而且没有多余的标题。什么都不用做，直接单击"关闭并上载"按钮，如图6-133所示。

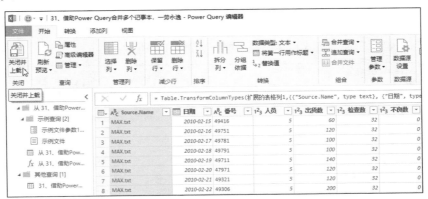

图 6-133　关闭并上载

如图6-134所示，这样就把"记事本"文件中的数据合并到Excel中了。合并到Excel中的数据，可以直接创建数据透视表。

	A	B	C	D	E	F	G
1	Source.Name	日期	番号	人员	出货数	检查数	不良数
2	MAX.txt	2010-2-15	49416	5	60	32	0
3	MAX.txt	2010-2-16	49751	5	120	32	0
4	MAX.txt	2010-2-17	49781	5	100	32	0
5	MAX.txt	2010-2-18	49791	5	100	32	0
6	MAX.txt	2010-2-19	49711	5	140	32	0
7	MAX.txt	2010-2-20	47971	5	120	32	0
8	MAX.txt	2010-2-21	49321	5	120	32	0
9	MAX.txt	2010-2-22	49306	5	200	32	0
10	MAX.txt	2010-2-23	94118	5	200	32	0
11	MAX.txt	2010-2-24	49491	5	120	32	0
12	MAX.txt	2010-2-25	S4835003	5	60	32	0
13	MAX.txt	2010-6-21	49476	3	120	32	0
14	MAX.txt	2010-6-22	49471	3	120	32	0
15	MAX.txt	2010-6-23	49491	3	240	32	1
16	MAX.txt	2010-6-24	47981	3	120	32	0

图 6-134　合并后效果

6.2.10 借助 Power Query 合并 Access 多个表格

本小节介绍如何合并Access多张工作表。某Access数据库中包含3张工作表，双击工作表将其打开，可以看到它们的格式和字段都一样，如图6-135所示。

图 6-135　格式相同

现在要将这几张工作表合并到Excel中，怎么操作呢？

➡**Step 01** 我们先关闭当前的Access数据库，新建一个工作簿。在"数据"选项卡中单击"新建查询"下拉按钮，在弹出的下拉列表中选择"从数据库"→"从Microsoft Access数据库"命令，如图6-136所示。

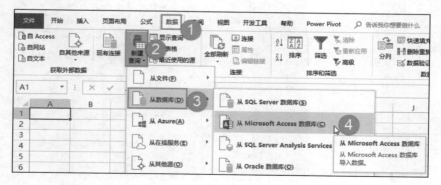

图 6-136　选择"从 Microsoft Access 数据库"命令

➡️Step 02 在弹出的"导入数据"窗口中浏览到指定的数据库，单击"导入"按钮，如图6-137所示。

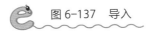
图 6-137　导入

➡️Step 03 在弹出的"导航器"窗口中勾选"选择多项"复选框，这样就可以勾选多张工作表了，然后单击"编辑"按钮，如图 6-138所示。

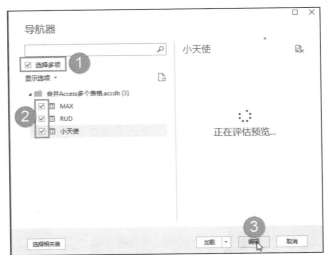

图 6-138　选择表格

➡Step 04 打开Power Query编辑器，在编辑器界面，默认显示第一张工作表。单击"追加查询"按钮，在弹出的"追加"窗口中选择"三个或更多表"，将左边的RUD和"小天使"添加到右边，然后单击"确定"按钮，如图6-139所示。

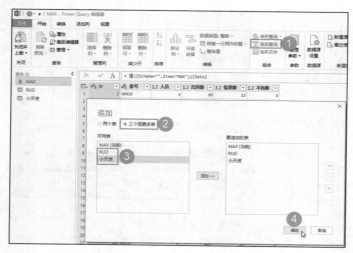

图 6-139　追加查询

➡Step 05 这样，下面两张表的数据就都合并到了第1张表中。单击"关闭并上载"按钮，如图 6-140所示。

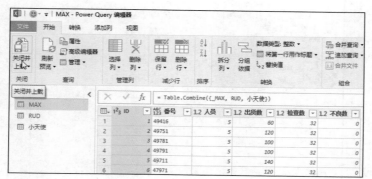

图 6-140　关闭并上载

➡Step 06 这样数据就都合并在Excel中了，右边的MAX、RUD和"小天使"对应的表格分别是Sheet2、Sheet3和Sheet4。刚刚将数据合并在MAX表中，也就是说现在Sheet2是汇总表，其他的都不需要，可以删除掉，如图6-141所示。

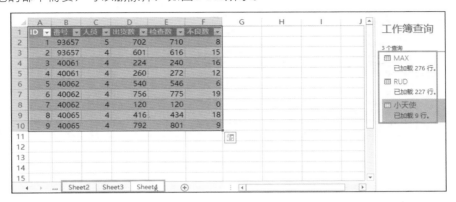

图 6-141　加载后效果

如图6-142所示就是删除不需要的表格后的效果。好了，本小节的内容就是这样。

图 6-142　删除不需要的表格后的效果

 6.2.11 透视以及逆透视

如图6-143所示，将左边一维的数据源通过创建数据透视表生成二维的汇总表，这就叫透视。相反，将二维的结果转换成一维的数据源，则称为逆透视。

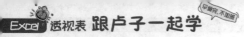

▲	A	B	C	D		E		F	G	H	I	J
1	目的地	日期	值			求和项:值2		列标签				
2	安徽合肥航空部	8-1	7			行标签	▾	8-1	8-10	8-11	8-12	8-13
3	安徽合肥航空部	8-3	10			安徽合肥航空部		7	11	8	6	7
4	安徽合肥航空部	8-4	8			北京中转部		5	10			10
5	安徽合肥航空部	8-5	8			福建泉州航空部		2	10			8
6	安徽合肥航空部	8-6	5			福建沙县航空部		10	1			1
7	安徽合肥航空部	8-7	9			福建厦门中转部		8				3
8	安徽合肥航空部	8-9	5			甘肃兰州航空部		3	11			6
9	安徽合肥航空部	8-10	11			广东揭阳航空部		8	8			2
10	安徽合肥航空部	8-11	8			广东揭阳中转部		3	8	8	3	7
11	安徽合肥航空部	8-12	6			贵州贵阳航空部		3	10	11	3	1
12	安徽合肥航空部	8-13	7			海南海口航空部		2	9	4	11	6
13	安徽合肥航空部	8-14	7			河北石家庄中转部		3	4	10	10	8
14	安徽合肥航空部	8-15	7			河南郑州航空部		10	7		4	8
15	安徽合肥航空部	8-16	2			黑龙江哈尔滨航空部		6	2	5	3	10

图6-143　正常透视

➡Step 01 如图6-144所示，单击数据区域中的任意单元格，切换到"数据"选项卡，单击"从表格"按钮，在弹出的"创建表"对话框中单击"确定"按钮。

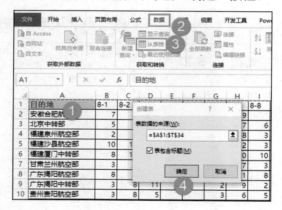

图6-144　从表格

➡Step 02 这样 Excel会自动将数据区域转换为"表"，并打开"查询编辑器"界面。

如图6-145所示，默认情况下选择了"目的地"，切换到"转换"选项卡，单击"逆透视列"下拉按钮，在弹出的下拉列表中选择"逆透视其他列"选项。

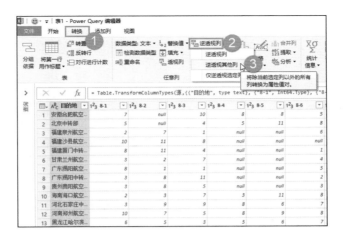

图 6-145　逆透视其他列

Step 03 如图6-146所示，将第2列的标题改成日期。

图 6-146　更改标题

Step 04 如图6-147所示，切换到"开始"选项卡，单击"关闭并上载"按钮。这样就转换成功了，如图6-148所示。

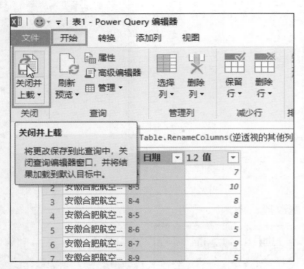

图 6-147　关闭并上载

图 6-148　转换后效果

 6.2.12　轻松逆透视，数据巧转置

　　如图6-149所示，出于记录数据方便的原因，将表格做成了左边这样，但这种表格后期处理分析难度很大，如何转换成右边形式的表格呢？

　　实现这样的转换有多种技巧，下面以Excel 2016为例，说说具体的操作方法。

　　➡Step 01 如图6-150所示，单击数据区域中的任意单元格，切换到"数据"选项卡，单击"从表格"按钮，在弹出的"创建表"对话框中单击"确定"按钮。

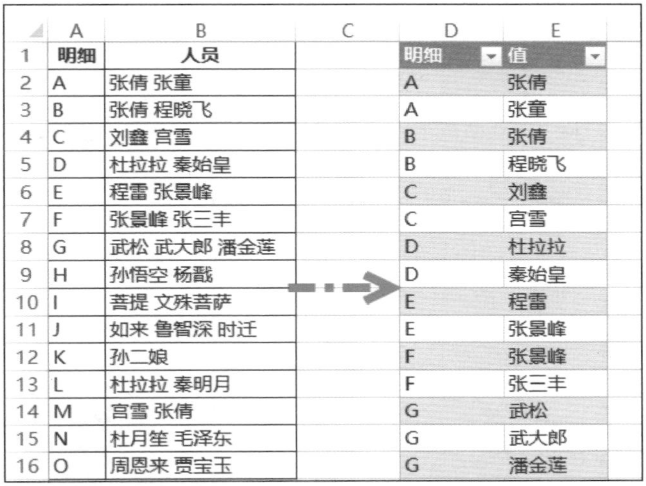

	A	B	C	D	E
1	明细	人员		明细	值
2	A	张倩 张童		A	张倩
3	B	张倩 程晓飞		A	张童
4	C	刘鑫 宫雪		B	张倩
5	D	杜拉拉 秦始皇		B	程晓飞
6	E	程雷 张景峰		C	刘鑫
7	F	张景峰 张三丰		C	宫雪
8	G	武松 武大郎 潘金莲		D	杜拉拉
9	H	孙悟空 杨戬		D	秦始皇
10	I	菩提 文殊菩萨		E	程雷
11	J	如来 鲁智深 时迁		E	张景峰
12	K	孙二娘		F	张景峰
13	L	杜拉拉 秦明月		F	张三丰
14	M	宫雪 张倩		G	武松
15	N	杜月笙 毛泽东		G	武大郎
16	O	周恩来 贾宝玉		G	潘金莲

图 6-149 数据拆分转置

图 6-150 从表格

⇒Step 02 这样，Excel会自动将数据区域转换为"表"，并打开"查询编辑器"界面。

如图6-151所示，单击"人员"列的列标，切换到"转换"选项卡，单击"拆分列"下拉按钮，在弹出的下拉列表中选择"按分隔符"选项。

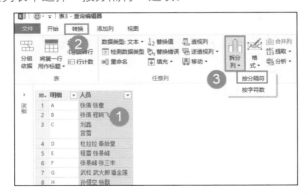

图 6-151 按分隔符拆分列

➡Step 03 如图6-152所示，弹出"按分隔符拆分列"对话框，在"选择或输入分隔符"下拉列表框中选择"空格"，单击"确定"按钮。

需要特别说明一点，这里使用分列和在工作表中使用分列有所不同。

如果需要分列的右侧列中还有其他的内容，会自动扩展插入新的列，右侧已有数据列自动后延，而在工作表中使用分列，右侧有数据时则会被覆盖掉。

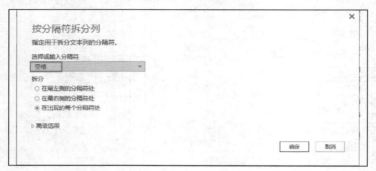

图 6-152　按空格拆分

➡Step 04 如图6-153所示，按住Ctrl键不放，依次单击选中人员的几个列，在"转换"选项卡中单击"逆透视列"下拉按钮，在弹出的下拉列表中选择"逆透视列"选项。

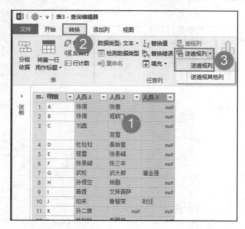

图 6-153　逆透视列

➡️Step 05 如图6-154所示，右击"属性"列的列标，在弹出的快捷菜单中选择"删除"命令。

图 6-154 删除"属性"列

➡️Step 06 如图6-155所示，切换到"开始"选项卡，单击"关闭并上载"按钮。

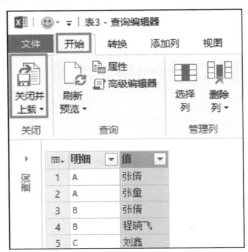

图 6-155 关闭并上载

这样就转换完毕了，如图6-156所示。

	A	B
1	明细	值
2	A	张倩
3	A	张童
4	B	张倩
5	B	程晓飞
6	C	刘鑫
7	C	宫雪
8	D	杜拉拉
9	D	秦始皇
10	E	程雷
11	E	张景峰
12	F	张景峰
13	F	张三丰
14	G	武松
15	G	武大郎

图 6-156　转换后效果

这个功能是不是很方便？如果是其他版本，则需要用到超级复杂的公式、VBA，或者大量的基础操作。有了这个新功能，处理数据就变得简单了。

 **6.2.13　逆透视二维转一维进阶篇**

下面继续讲解逆透视。

观察一下，表中的横向标题是不同的成本中心编码，纵向标题是日期和单号，而且这里的日期和单号都是文本格式；表中的数据都是费用，每笔费用都对应着单号、日期，以及成本中心。很明显，这是一张二维表，如图6-157所示。

现在要统计每个单号对应不同日期的费用。

想要实现的效果大概是这样，把单号放到行，日期放到列，成本中心放到筛选区域，如图6-158所示。

	A	B	C	D	E	F	G	H	I
1	各成本中心费用发生明细								
2									
3			成本中心	成本中心	成本中心	成本中心	成本中心	成本中心	成本中心
4	日期	单号	1000	1101	1102	1103	1104	1201	1202
5	2013-09	41050101	453	939	195	644	982	810	565
6	2013-09	41050102	242	760	469	352	460	800	265
7	2013-09	41050103	947	667	293	533	853	226	754
8	2013-09	41050104	250	670	940	370	380	660	334
9	2013-09	41050105	872	685	553	913	260	576	893
10	2013-09	41050106	723	213	708	224	755	771	740
11	2013-09	41050107	941	498	866	465	762	340	238
12	2013-09	41050108	477	536	792	167	432	647	394
13	2013-09	41050109	617	506	660	502	230	364	606
14	2013-09	41050110	476	560	331	585	150	867	717
15	2013-09	41050201	712	646	226	495	333	159	735

图 6-157　各成本中心费用发生明细

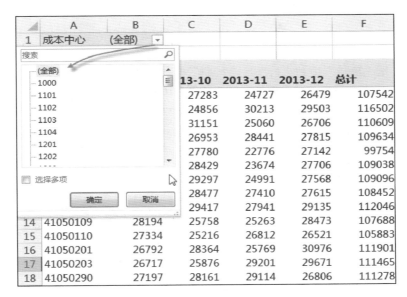

图 6-158　要实现的效果

一般情况下，我们会想到直接用数据透视表统计，来试一下。

➡️Step 01 选择数据源中的任意单元格，在"插入"选项卡中单击"数据透视表"按钮，在弹出的"创建数据透视表"对话框中确认选择的区域是否正确,单击"确定"按钮,如图6-159所示。

图 6-159　创建数据透视表

➡Step 02 把"单号"拖到"行","日期"拖到"列",这时会发现一个问题,代表成本中心的编码有很多,没办法放到筛选区域,如图6-160所示。

图 6-160　布局后无法实现

既然这种方法行不通,那我们换一种方法。

还记得前面讲过的创建数据透视表的另外一种方法吗?

没错,就是多重合并计算数据区域。

Step 01 单击“数据透视表向导”按钮，在弹出的“数据透视表和数据透视图向导--步骤1（共3步）”对话框中选择“多重合并计算数据区域”单选按钮，然后单击“下一步”按钮，如图6-161所示。

Step 02 在弹出的“数据透视表和数据透视图向导--步骤2a（共3步）”对话框中保持默认不变，单击“下一步”按钮，如图6-162所示。

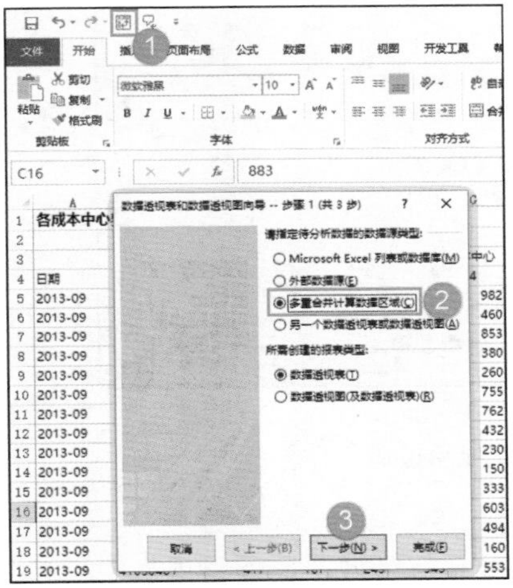

图 6-161　选中“多重合并计算数据区域”单选按钮

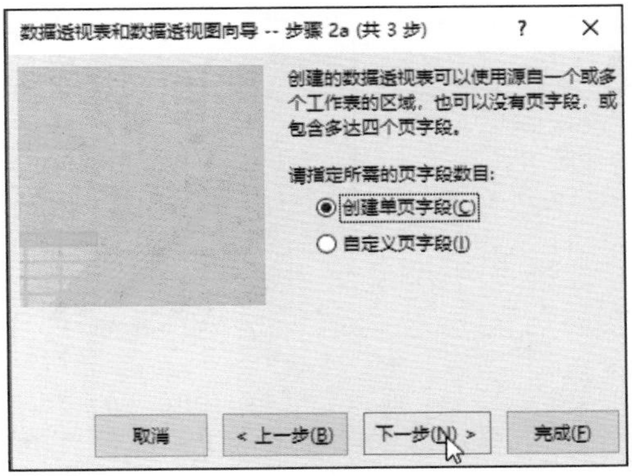

图 6-162　单击“下一步”按钮

Step 03 在弹出的“数据透视表和数据透视图向导-第2b步”对话框中选择工作表数据区域。注意，在此“成本中心”就不用框选进来了，只需将代表成本中心的编码框选进来即可，然后单击“下一步”按钮，如图6-163所示。

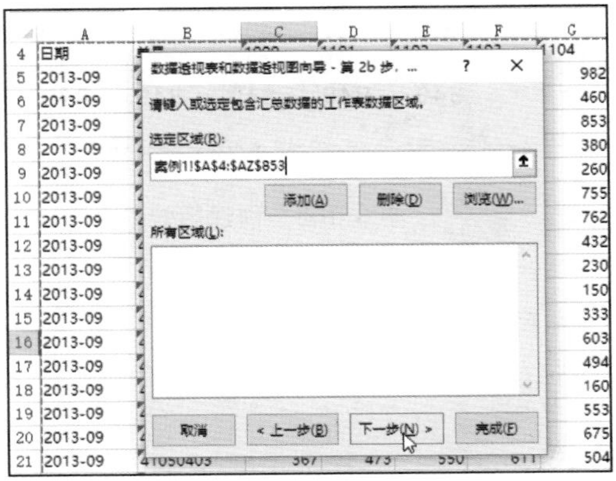

图 6-163　选定区域

➡Step 04 在弹出的"数据透视表和数据透视图向导--步骤3（共3步）"对话框中，将"数据透视表显示位置"设置为"新工作表"，单击"完成"按钮，如图6-164所示。

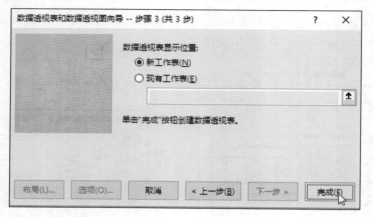

数据透视表和数据透视图向导 -- 步骤 3 (共 3 步)

数据透视表显示位置:
● 新工作表(N)
○ 现有工作表(E)

单击"完成"按钮创建数据透视表。

布局(L)... 选项(O)... 取消 < 上一步(B) 下一步 > 完成(F)

图 6-164　显示位置

现在，效果好像出来了。观察一下，日期已经在行区域了，但是成本中心在列区域，如图6-165所示。

	A	B	C	D	E	F	G	H
1	页1	(全部) ▼						
2								
3	计数项:值	列标签 ▼						
4	行标签 ▼	1000	1101	1102	1103	1104	1201	1202
5	2013-09	212	212	212	212	212	212	212
6	2013-10	212	212	212	212	212	212	212
7	2013-11	212	212	212	212	212	212	212
8	2013-12	213	213	213	213	213	213	213
9	总计	849	849	849	849	849	849	849
10								

图 6-165　创建后效果

➡Step 05 现在改变一下布局。

把行对应的字段拖到"列"，把列对应的字段拖到"筛选"区域，原来的"页字段"取消筛选。

现在，日期有了，成本中心也有了，但是少了单号。单击这个"全部筛选"按钮，会发现单号在"筛选"区域了，如图6-166所示。

图 6-166　依然无法实行

　　也就是说，用多重合并计算数据区域的方法创建数据透视表也没办法对这种表做统计。

　　因此要实现这种统计效果，正确的思路是把二维表转换为一维表，然后用数据透视表做统计。

　　下面就来操作一下。

　　➡Step 01 选择数据源中的任意单元格，在"数据"选项卡中单击"从表格"按钮，打开"创建表"对话框。区域应该是从第4行开始，这里修改一下所选的区域，从第4行开始，然后单击"确定"按钮，如图6-167所示。

图 6-167　从表格

在Power Query编辑器界面中整理数据。

如图6-168所示，除了日期和单号这两列是一维的外，其他都是二维的。看看，标题为成本中心，但是对应的内容是费用，成本中心和费用是两种不同的内容，现在要把它们分开。

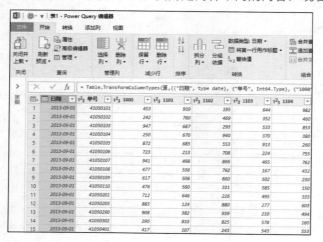

图 6-168　Power Query 编辑器

➡Step 02 选择第一个成本中心列，按住Shift键的同时单击最后一个成本中心列。
在"转换"选项卡中单击"逆透视列"按钮，如图6-169所示。

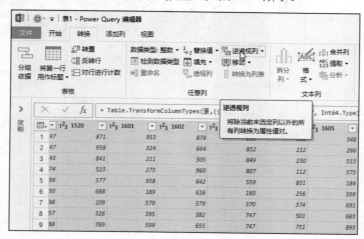

图 6-169　逆透视列

这样就把成本中心和费用转换成了两列，一列是成本中心，一列是费用。转换后的数据，就是一维表，如图6-170所示。

	日期	单号	属性	值
1	2013-09-01	41050101	1000	453
2	2013-09-01	41050101	1101	939
3	2013-09-01	41050101	1102	195
4	2013-09-01	41050101	1103	644
5	2013-09-01	41050101	1104	982
6	2013-09-01	41050101	1201	810
7	2013-09-01	41050101	1202	565
8	2013-09-01	41050101	1203	826
9	2013-09-01	41050101	1204	308
10	2013-09-01	41050101	1301	725
11	2013-09-01	41050101	1302	989
12	2013-09-01	41050101	1303	322
13	2013-09-01	41050101	1304	670
14	2013-09-01	41050101	1305	930
15	2013-09-01	41050101	1401	553

图 6-170　一维表

➡️Step 03 因为数据源中的日期为文本格式，所以选中日期列，选择"数据类型"为"文本"。同样地，将"单号"列中的数据也改为"文本"型，如图6-171所示。

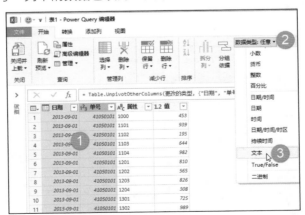

图 6-171　设置为文本格式

透视表 跟卢子一起学

➡Step 04 把"成本中心"这一列的标题命名一下，把最后一列的值改为"费用"，然后单击"关闭并上载"按钮，如图6-172所示。

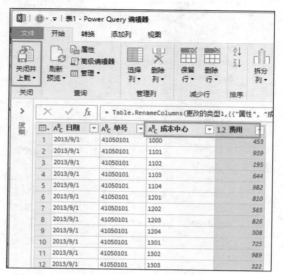

图 6-172　更改标题并上载

➡Step 05 这样就转换为标准的一维表了。现在根据这个表，插入数据透视表，如图6-173所示。

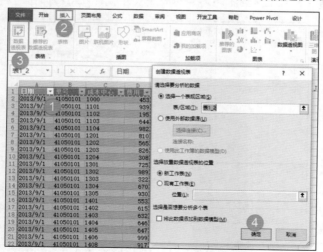

图 6-173　创建数据透视表

➡Step 06 把"单号"拖到"行","成本中心"拖到"筛选","日期"拖到"列","费用"拖到"值"。手动拖动排一下序,如图6-174所示。

图 6-174 布局

单击"成本中心"筛选按钮,所有的成本中心编码都在里面。其他的行、列字段也都满足统计要求,如图6-175所示。

图 6-175 最终效果

6.2.14 查找多个对应值，并合并在一个单元格中

如图6-176所示，左边这个表格是每个人对应的班级，可以看到每个人同时负责了多个班级。现在要将同一个人负责的所有班级查找出来，并且合并在一个单元格内即实现右边这个表格的效果。

	A	B	C	D	E	F
1	姓名	班级			姓名	负责班级
2	卢子	入门班			卢子	入门班、综合班、函数班、透视表班
3	卢子	综合班			飞鱼	综合班、函数班、透视表班
4	卢子	函数班			紫色	函数班、透视表班
5	卢子	透视表班			无言	综合班、函数班、透视表班
6	飞鱼	综合班			清风	综合班、函数班、透视表班
7	飞鱼	函数班			芦苇	透视表班
8	飞鱼	透视表班				
9	紫色	函数班			效果	
10	紫色	透视表班				
11	无言	综合班				
12	无言	函数班				
13	无言	透视表班				
14	清风	综合班				
15	清风	函数班				
16	清风	透视表班				
17	芦苇	透视表班				

图 6-176　合并每个人负责的班级

这种合并操作用Power Query来完成非常方便。下面一起来操作。

➡️Step 01 选择数据源中的任意单元格，在"数据"选项卡中单击"从表格"按钮，在弹出的"创建表"对话框中保持默认不变，单击"确定"按钮，如图6-177所示。

➡️Step 02 打开Power Query编辑器，选择"班级"这一列，在"转换"选项卡中单击"格式"下拉按钮，在弹出的下拉列表中选择"添加前缀"选项，如图6-178所示。

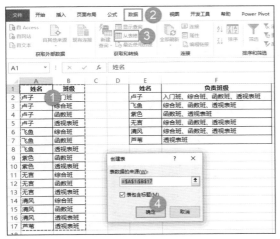

图 6-177　从表格

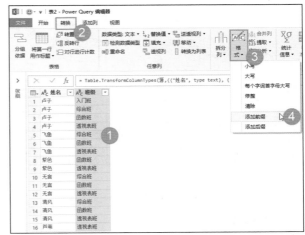

图 6-178　添加前缀

⇨Step 03 弹出"前缀"对话框，在"值"文本框中输入"、"作为前缀，单击"确定"按钮，如图6-179所示。

图 6-179　"前缀"对话框

⇨Step 04 这样就把"、"和内容链接在一起了。在"添加列"选项卡中单击"索引列"下拉按钮，在弹出的下拉列表中选择"从1"选项，如图6-180所示。

图 6-180　索引列

➡Step 05 在"转换"选项卡中单击"透视列"按钮，在弹出的"透视列"对话框中将"值列"设置为"班级"；然后单击展开高级选项，"聚合值函数"，因为我们不需要任何统计，因此选择"不要聚合"；单击"确定"按钮，如图 6-181所示。

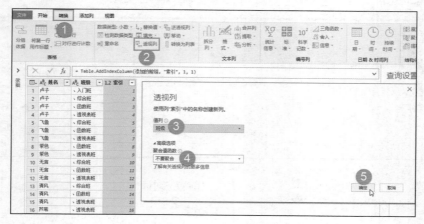

图 6-181　透视列

➡Step 06 选择列1，按住Shift键的同时单击选中列16，然后单击"合并列"按钮，如图6-182所示。

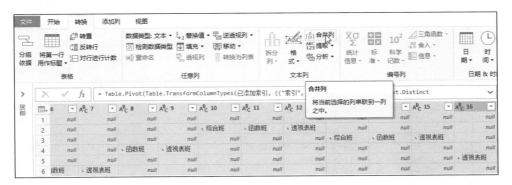

图 6-182 合并列

➡Step 07 在弹出的"合并列"对话框中保持默认不变，单击"确定"按钮，如图6-183所示。

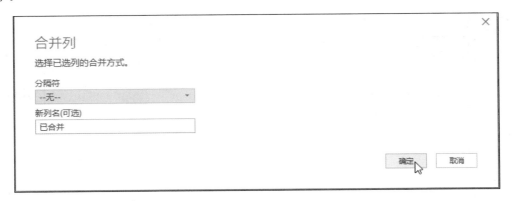

图 6-183 单击"确定"按钮

➡Step 08 现在基本模型已经出来了，但是"负责班级"中的每个单元格前面都有一个"、"，要把"、"删除。选择"负责班级"这一列，单击"拆分列"下拉按钮，在弹出的下拉列表中选择"按字符数"选项，如图6-184所示。

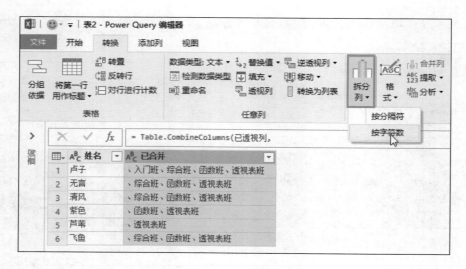

图 6-184 拆分列

➡Step 09 弹出"按字符数拆分列"对话框，在"字符数"文本框中输入1，在"拆分"栏中选中"一次，尽可能靠左"单选按钮，单击"确定"按钮，如图6-185所示。

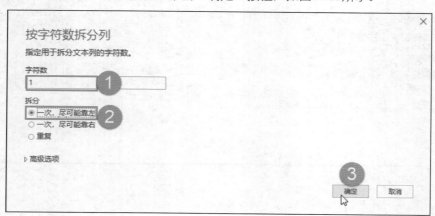

图 6-185 "按字符数拆分列"对话框

➡Step 10 把不需要的列删除，并重命名，然后单击"关闭并上载"按钮，如图6-186所示。

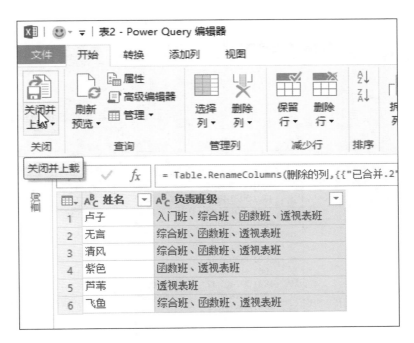

图 6-186　关闭并上载

这样就完成了合并，如图6-187所示。

图 6-187　最终效果

6.2.15 48 万行数据查找，速度为王

今天我们讲大数据查找。

某个工作簿中包含2张表，其中一张表中有21万行数据，还有一张表中有48万行数据，如图 6-188所示。

	A	B	
1	运单号	二级中转费	
2	486150180402	0.29	
3	486150214937	0.57	
4	486159515143	1.47	
5	486159594909	0.44	
6	486159594746	0.52	
7	486159514183	0.22	
8	486106593199	0.7	
9	486134279033	0.09	
10	486159742742	0.12	
11	486149887639	0.16	
12	486159632877	0.12	
13	486159442525	0.19	
14	486213802606	0.15	
15	486213916531	0.1	
16	486159672698	0.17	

◀ ▶ | 21万行 | 48万行 |

图 6-188　大数据

现在要根据运单号，查找二级中转费。

查找区域是21万行数据这张表。

一般情况下，我们会想到用VLOOKUP函数进行查找。

该函数语法如下：

=VLOOKUP(单号,查找区域,返回查找区域的第几列,查找模式用精确查找)

在48万行的表格B2中输入下面的公式，回车后会比较卡，计算机右下角显示的计算进度比较慢。

=VLOOKUP(A2,'21万行'!A:B,2,0)

在实际工作中，这种效率肯定是不允许的。

针对这种大数据，用函数会卡死，而对于Excel 2016而言，这种问题简直是小儿科。

按Ctrl+Alt+Delete组合键调出任务管理器，强制关闭Excel。

⇒Step 01 重新打开这个工作簿，把光标放在21万行这张表的任意数据单元格中，在"数据"选项卡中单击"从表格"按钮，保持默认不变，单击"确定"按钮，如图6-189所示。

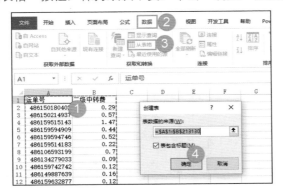

图 6-189 从表格

⇒Step 02 打开Power Query编辑器，从中整理数据。"运单号"这一列由于数字字符超过了11位，以科学计数法显示了。选择这一列，把"数据类型"改为"文本"，如图6-190所示。

图 6-190 "文本"格式

➡Step 03 在右侧的"查询设置"窗口中，可以修改这张表的名称，比如，改为"21万"，如图6-191所示。

➡Step 04 单击"关闭并上载"下拉按钮，在弹出的下拉列表中选择"关闭并上载至"选项，如图6-192所示。

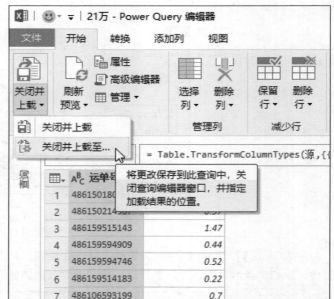

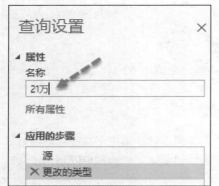

图 6-191 更改名称

图 6-192 选择"关闭并上载至"选项

➡Step 05 在弹出的"加载到"对话框中选择"仅创建连接"单选按钮，单击"加载"按钮，如图6-193所示。

➡Step 06 将48万行的表格也通过"从表格"功能导入编辑器，设置运单号为"文本"格式，更改表格名称，不过它不用选择"关闭并上载至"选项，这一步有所差异。

直接单击"合并查询"按钮，在弹出的"合并"对话框中选择用"21万"对两张表的运单号进行关联，选择上面一张表的运单号，再选择下面一张表的运单号。默认左外部（第一个中的所有行，第二个中的匹配行），也就是说上面48万这张表中的运单号为基础，这48万运单号按已有的顺序展示；在下面21万这张表中查找对应的中转费，有对应值就返回对应的中转费，没有对应值就返回空。单击"确定"按钮，如图6-194所示。

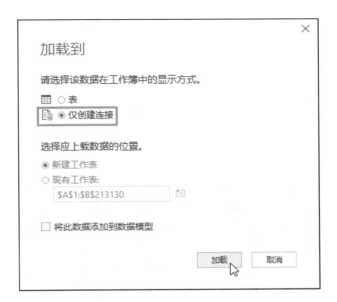

图 6-193　"加载到"对话框

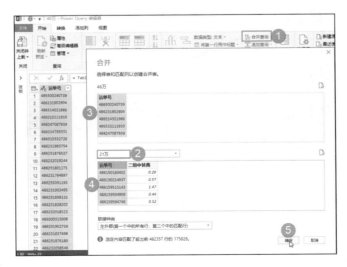

图 6-194　关联查询

Step 07 单击"21万"这一列标题右侧的"展开"按钮，在弹出的对话框中取消勾选"运单号"和"使用原始列名作为前缀"复选框，单击"确定"按钮，这样就查找到了48万行运单号对应的中转费，如图6-195所示。

图 6-195　获取二级中转费

Step 08 单击"关闭并上载"按钮，如图6-196所示。

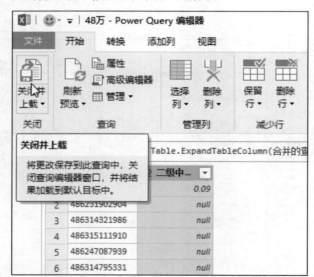

图 6-196　关闭并上载

这样就完成了最终的查找，如图6-197所示。

	A	B	C
1	运单号	二级中转费	
2	486300240739	0.09	
3	486231902904		
4	486314321986		
5	486315111910		
6	486247087939		
7	486314795331		
8	486315332726		
9	486231983754		
10	486231876537		
11	486232019244		
12	486231801175		
13	486231764897		
14	486232091193		
15	486231902495		
16	486231838133		
17	486231838202	0.07	
18	486232018523		

图 6-197　最终效果

6.3　大数据的必杀技

　　随着时代的发展，现在很多公司用到的数据越来越多，有的表格中的数据有几十万行甚至几百万行，单独靠Excel很难处理这么庞大的数据。数据一多就容易卡死，再庞大一点的话，连Excel都容纳不了。那遇到大数据是不是就没办法了？NO！别忘了Excel强大的协作能力，通过外力也能处理非常庞大的数据。

6.3.1　将数据导入 Access

　　"打虎亲兄弟，上阵父子兵"，这时Excel的"亲兄弟"——Access就派上用场了。它们都出自Office，Excel用于处理小数据，Access则用于处理大数据。

如图6-198所示，这就是用Excel执行几十万行数据计算的效果，一直显示正在计算，喝完一杯咖啡估计就计算得差不多了。如果时间充裕，那倒没什么，可是如果是很紧急的情况下，真恨不得把计算机砸了。

图 6-198　正在计算

而几十万行数据在Access中就是小数据，不值得一提。Excel与Access是不同的软件，如何将数据导入Access中呢？

将数据导入Access中步骤有点多，但操作非常简单，直接按提示操作即可。

➡Step 01 如图 6-199所示，切换到"外部数据"选项卡，单击Excel按钮，在弹出的"获取外部数据-Excel电子表格对话框中单击"浏览"按钮，在弹出的"打开"窗口中浏览到指定的工作簿，单击"打开"按钮。

图 6-199　浏览找到指定工作簿

➡Step 02 回到"获取外部数据-Excel电子表格"对话框，这时"文件名"文本框中就会出现工作簿的完整信息，单击"确定"按钮，如图6-200所示。

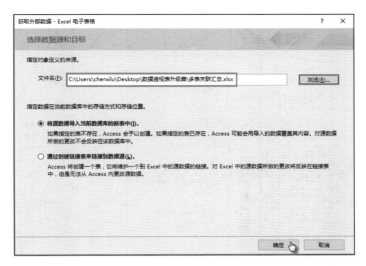

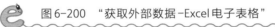

图6-200 "获取外部数据-Excel电子表格"

➡️Step 03 弹出"导入数据表向导"对话框，这里是选择第1张工作表，保持默认不变，（如果是要选择其他工作表，用鼠标单击即可），单击"下一步"按钮，如图6-201所示。

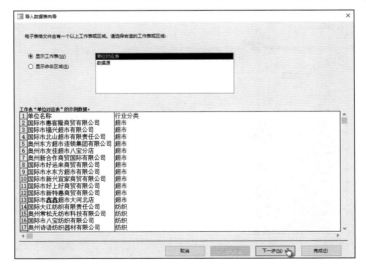

图 6-201 导入数据表向导1

➡Step 04 在弹出的对话框中勾选"第一行包含列标题"复选框（这一步一定要记住），单击"下一步"按钮，如图6-202所示。

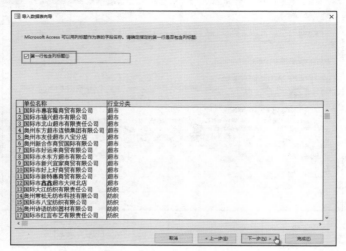

图 6-202　导入数据表向导 2

➡Step 05 在弹出的对话框中保持默认不变，单击"下一步"按钮，如图**6-203**所示。

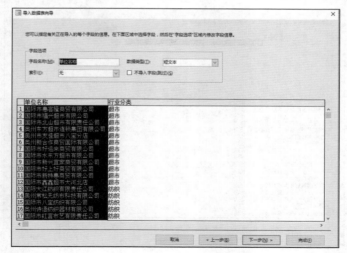

图 6-203　导入数据表向导 3

➡Step 06 在弹出的对话框中保持默认不变，单击"下一步"按钮，如图6-204所示。

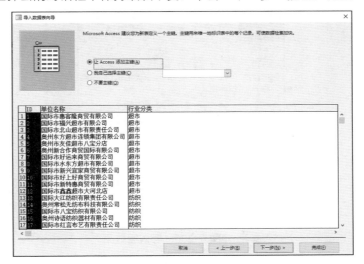

图 6-204　导入数据表向导 4

➡Step 07 在弹出的对话框中保持默认不变，单击"完成"按钮，如图6-205所示。

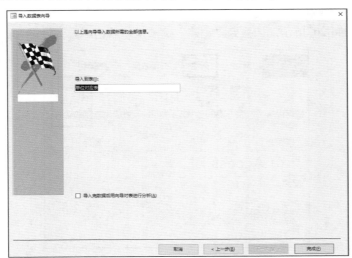

图 6-205　导入数据表向导 5

同样操作，将另一个表格导入Access中，效果如图6-206所示。

图 6-206　导入后效果

 **多表关联处理**

将数据导入Access中后，要进行多表关联处理就变得非常简单了。

➡Step 01 如图6-207所示，切换到"创建"选项卡，单击"查询设计"按钮。

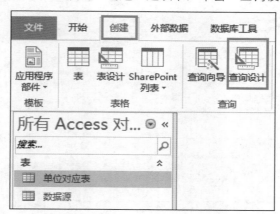

图 6-207　单击"查询设计"按钮

➡️Step 02 在弹出的"显示表"对话框中，双击添加表格，然后关闭该对话框，如图6-208所示。

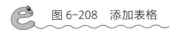

图 6-208　添加表格

➡️Step 03 如图6-209所示，用鼠标将两张表的"单位名称"关联起来，在下面的"字段"中选择要显示的字段名称，设置完成后单击"运行"按钮。

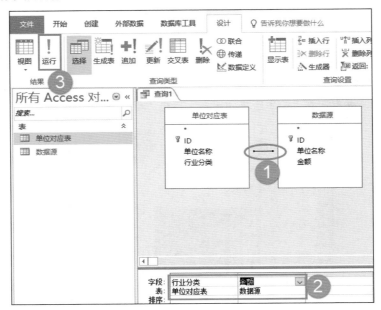

图 6-209　设置关联跟字段

如图6-210所示，这样就可以对两个表格进行关联查询，从而获取行业分类和金额信息。不过关联出来的内容还没有汇总，只是一张明细表。其实表格关联的核心也是用SQL语句，只是在Access中是内置的功能。既然是内置的，就暂时先不管SQL语句。

➡Step 04 如图6-211所示，右击"查询"，在弹出的快捷菜单中选择"保存"命令。

图 6-210　关联效果　　　　　　图 6-211　选择"保存"命令

➡Step 05 如图6-212所示，切换到"创建"选项卡，单击"查询向导"按钮，在弹出的"新建查询"对话框中选择"简单查询向导"，单击"确定"按钮。

图 6-212　简单查询

➡️Step 06 如图6-213所示，在弹出的"简单查询向导"对话框中选择刚保存的那个表格，
单击">>"按钮，这样就将所有字段添加进去了，单击"下一步"按钮。

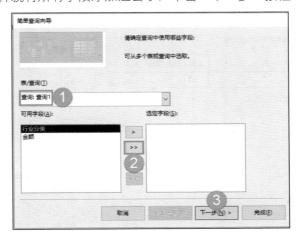

图 6-213　选择表格跟字段

➡️Step 07 如图6-214所示，在弹出的对话框中选中"汇总"单选按钮，单击"汇总选项"
按钮。

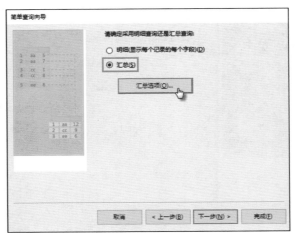

图 6-214　汇总

⇨Step 08 如图6-215所示，在弹出的"汇总选项"对话框中勾选"汇总"，单击"确定"按钮。

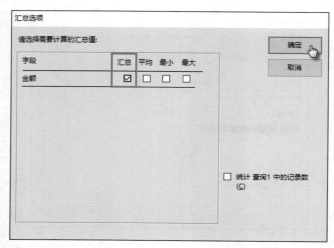

图 6-215　勾选"汇总"

⇨Step 09 如图6-216所示，在弹出的对话框中单击"完成"按钮。

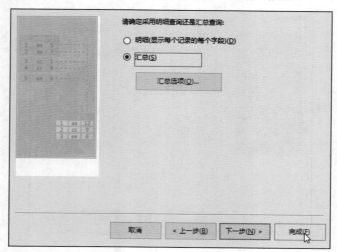

图 6-216　单击"完成"按钮

如图6-217所示，这样就完成了汇总。

行业分类	金额 之 合 计
超市	269671.84
纺织	1222343.39
药品	50673111.38

图 6-217　汇总效果

在Access中，其实操作都很简单，唯一的不好就是步骤太多了。

6.3.3　多表汇总

常用的多表处理，一种是前面的关联处理；另一种就是格式相同的表格合并。如图6-218
所示，现在要将格式相同的两个表格进行合并汇总。

ID	日期	省份	购货单位	产品名称	实发数量	销售单价	销售金额	业务
1	2015-01-03	湖北	湖北应山-邓光耀	250g外婆菜	30	4.2	126	B
2	2015-01-03	湖北	湖北应山-邓光耀	175g五香脆骨	90	10.5	945	B
3	2015-01-03	湖北	湖北应山-邓光耀	200g口味跳跳骨	80	11.6	928	B
4	2015-01-08	湖北	湖北应山-邓光耀	175g五香脆骨	40	10.5	420	B
5	2015-01-08	湖北	湖北应山-邓光耀	200g口味跳跳骨	40	11.6	464	B
6	2015-01-08	湖北	湖北应山-邓光耀	250g外婆菜	120	4.2	504	B
7	2015-01-08	湖北	湖北应山-邓光耀	200g口味跳跳骨	160	11.6	1856	B
8	2015-01-08	湖北	湖北应山-邓光耀	175g五香脆骨	200	10.5	2100	B
9	2015-03-31	北京	北京-邹方	500g青脆黄瓜皮	20	8	160	A
10	2015-03-31	北京	北京-邹方	200g坛子洋姜（丁）	20	4	80	A
11	2015-03-31	北京	北京-邹方	200g口味猪脚皮	50	9	450	A
12	2015-03-31	北京	北京-邹方	500g什锦坛子菜	40	6	240	A
13	2015-03-31	北京	北京-邹方	200g香辣牛肚	30	9	270	A
14	2015-03-31	北京	北京-邹方	200g羊肚丝	10	11	110	A
15	2015-03-31	北京	北京-邹方	1000g农家曝豆角	40	13	520	A

图 6-218　格式相同的两个表格

Step 01 如图6-219所示，切换到"创建"选项卡，单击"查询设计"按钮。

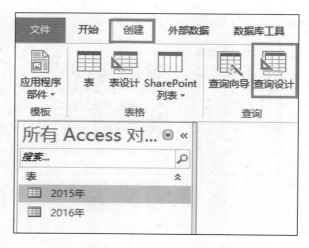

图 6-219　创建查询

⇒Step 02 如图6-220所示，直接将弹出的对话框关闭，右击"查询"，在弹出的快捷菜单中选择"SQL视图"命令。

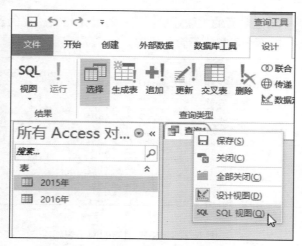

图 6-220　选择"SQL 视图"命令

⇒Step 03 如图6-221所示，直接在空白处输入下面的SQL语句，单击"运行"按钮。

256

```
SELECT * FROM 2015年
UNION ALL
SELECT * FROM 2016年
```

Access中的SQL与Excel略有差异，相似度为99%。

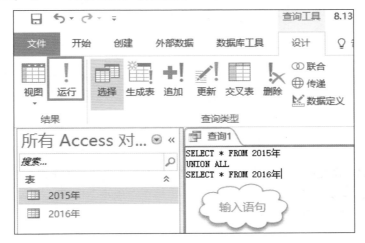

图 6-221　运行 SQL 语句

运行SQL语句后的合并效果如图6-222所示。

ID	日期	省份	购货单位	产品名称	实发数量	销售单价	销售金额	业务
1	2015-01-03	湖北	湖北应山-邓光耀	250g外婆菜	30	4.2	126	B
2	2015-01-03	湖北	湖北应山-邓光耀	175g五香脆骨	90	10.5	945	B
3	2015-01-03	湖北	湖北应山-邓光耀	200g口味跳骨	80	11.6	928	B
4	2015-01-08	湖北	湖北应山-邓光耀	175g五香脆骨	40	10.5	420	B
5	2015-01-08	湖北	湖北应山-邓光耀	200g口味跳骨	40	11.6	464	B
6	2015-01-08	湖北	湖北应山-邓光耀	250g外婆菜	120	4.2	504	B
7	2015-01-08	湖北	湖北应山-邓光耀	200g口味跳骨	160	11.6	1856	B
8	2015-01-08	湖北	湖北应山-邓光耀	175g五香脆骨	200	10.5	2100	B
9	2015-03-31	北京	北京-邹方	500g青脆黄瓜皮	20	8	160	A
10	2015-03-31	北京	北京-邹方	200g坛子豆	20	4	80	A
11	2015-03-31	北京	北京-邹方	200g什锦菜	50	9	450	A
12	2015-03-31	北京	北京-邹方	500g什锦菜	40	6	240	A
13	2015-03-31	北京	北京-邹方	200g香辣牛肚	30	9	270	A
14	2015-03-31	北京	北京-邹方	200g羊肚丝	10	11	110	A
15	2015-03-31	北京	北京-邹方	1000g农家曝豆角	40	13	520	A

图 6-222　合并后效果

⇒Step 04 如图6-223所示，右击"查询"，在弹出的快捷菜单中选择"保存"命令，将查询1保存起来。

图 6-223　保存

⇒Step 05 如图6-224所示，切换到"创建"选项卡，单击"查询向导"按钮，在弹出的"新建查询"对话框中选择"交叉表查询向导"，单击"确定"按钮。

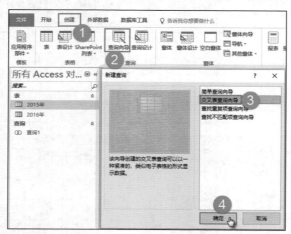

图 6-224　选择"交叉表查询向导"

⇒Step 06 如图6-225所示，在弹出的"交叉表查询向导"对话框中选择"查询"单选按钮，单击"下一步"按钮。

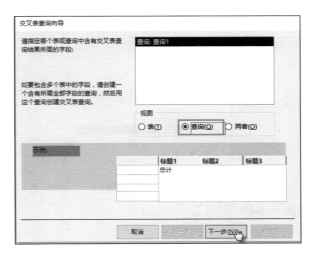

图 6-225　交叉表查询向导 1

▶Step 07 如图6-226所示，在弹出的对话框中将"省份"添加为行字段，单击"下一步"按钮。

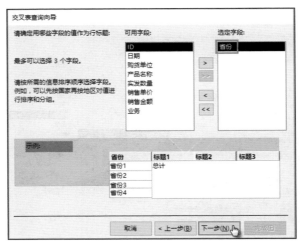

图 6-226　交叉表查询向导 2

▶Step 08 如图6-227所示，在弹出的对话框中将"业务"添加为列字段，单击"下一步"

按钮。

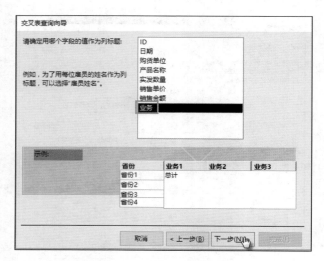

图 6-227　交叉表查询向导 3

➡Step 09 如图**6-228**所示，在弹出的对话框中对"销售金额"进行求总数，单击"下一步"按钮。

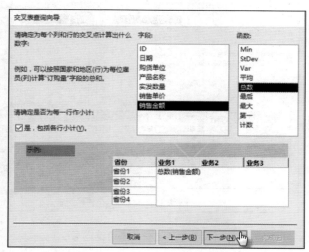

图 6-228　交叉表查询向导 4

➡️Step 10 如图**6-229**所示，在弹出的对话框中单击"完成"按钮。

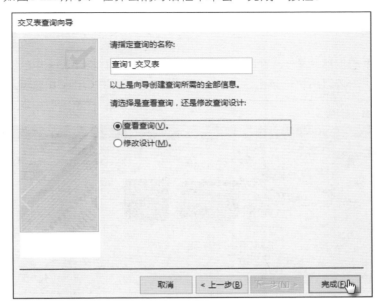

图 6-229　交叉表查询向导 5

　　如图**6-230**所示，经过了**10**个步骤就完成了交叉表查询，效果有点类似于数据透视表汇总后的效果，唯一差别就是总计交叉表放在前面，数据透视表放在后面。

省份	总计 销售金额	A	B	C	E	卢子
安徽	13580			13580		
北京	250247	250247				
广东	290					290
湖北	4075476.1		4075476.1			
吉林	174520	174520				
江西	17210			17210		
辽宁	787155	787155				
陕西	700			700		
四川	14305			14305		

图 6-230　交叉表查询效果

6.3.4 将数据重新导回 Excel

经过汇总后的数据都非常少,直接借助复制、粘贴功能就可以将Access中的结果导回Excel。

➡️Step 01 如图6-231所示,单击左上角的"全选"按钮,按Ctrl+C组合键。

省份	总计 销售金额	A	B	C	E	卢子
安徽	13580			13580		
北京	250247	250247				
广东	290					290
湖北	4075476.1		4 1			
吉林	174520					
江西	17210			17210		
辽宁	787155	787155				
陕西	700			700		
四川	14305			14305		

图 6-231 复制

➡️Step 02 如图6-232所示,打开Excel表格,按Ctrl+V组合键,数据就被粘贴到了Excel中,非常快捷。

	A	B	C	D	E	F	G	H
1	省份	计 销售金	A	B	C	E	卢子	
2	安徽	13580			13580			
3	北京	250247	250247					
4	广东	290					290	
5	湖北	4075476						
6	吉林	174520	174520					
7	江西	17210			17210			
8	辽宁	787155	787155					
9	陕西	700		700				
10	四川	14305			14305			
11								
12							📋(Ctrl)▾	
13								

图 6-232 粘贴

➡️Step 03 如图6-233所示，对内容再进行简单的调整以及美化。

	省份	A	B	C	E	卢子	总销售金额
1	省份	A	B	C	E	卢子	总销售金额
2	安徽			13580.00			13580.00
3	北京	250247.00					250247.00
4	广东					290.00	290.00
5	湖北		4075476.10				4075476.10
6	吉林	174520.00					174520.00
7	江西			17210.00			17210.00
8	辽宁	787155.00					787155.00
9	陕西			700.00			700.00
10	四川				14305.00		14305.00
11	合计	1211922.00	4075476.10	31490.00	14305.00	290.00	5333483.10

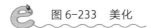

图 6-233 美化

知识扩展：

当然，除了这种方法以外还可以直接导出。

如图6-234所示，切换到"外部数据"选项卡，单击Excel按钮。

图 6-234 Excel

如图6-235所示，在弹出的"导出-Excel电子表格"对话框中浏览到存放文件的位置，单击"确定"按钮。这样就成功将Access中的表格重新导回Excel。

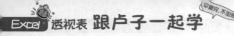

导出 - Excel 电子表格　　　　　　　　　　　　　　　　　　　？　×

选择数据导出操作的目标

指定目标文件名及格式。

文件名(F):　C:\Users\chenxilu\Documents\查询1_交叉表.xlsx　　　　　　浏览(R)...

文件格式(T):　Excel Workbook (*.xlsx)　　　　▼

指定导出选项。

☐ 导出数据时包含格式和布局(W)。
　　选择该选项可在导出表、查询、窗体或报表时保留大多数格式和布局信息。

☐ 完成导出操作后打开目标文件(A)。
　　选择该选项可查看导出操作的结果。该选项仅在导出带格式的数据时可用。

☐ 仅导出所选记录(S)。
　　选择该选项可以只导出选定的记录。该选项仅在导出带格式的数据且已选定记录的情况下可用。

　　　　　　　　　　　　　　　　　　　　　　　确定　　　取消

图 6-235　"导出 -Excel 电子表格"对话框

6.4　小结与练习

　　不要只停留在自己的舒适圈，要学会与时俱进，高版本会让你事半功倍。Excel 2016新增的Power Query功能超级好用，不仅可以处理不规范的表格，还能处理大数据。当然，再结合Access更是锦上添花。

　　最后，关注微信公众号"Excel不加班"。

　　单击右下角的"历史文章"，在弹出的搜索框中输入关键词进行搜索，比如，搜索关键词"透视表""工资条""个税"等，这就是最后的练习。绝大多数你遇到的问题，都能在公众号里找到答案。

扫码关注